Autodesk 产品设计与制造软件集丛书

U0155082

Autodesk Inventor 应用设计实践教程

刘雪冬　胡晓辉　邓传圣　**编著**

刘红政　**主审**

机械工业出版社

CHINA MACHINE PRESS

本书以一个包含常见钢结构、焊接件、钣金、铸造以及运动等零部件类型的典型机械产品设计案例为基础，系统全面地介绍了 Inventor 草图绘制、零件建模、装配体建模、工程图绘制、表达视图创建、MBD 应用、公差分析以及系列化设计等方面的内容，帮助读者更好地使用 Autodesk Inventor 软件完成一个完整的产品开发。

本书提供了丰富的设计案例，同时附有对应的案例素材和演示视频，适合企业工程设计人员和高等院校、职业院校相关专业师生使用。

图书在版编目（CIP）数据

Autodesk Inventor 应用设计实践教程/刘雪冬，胡晓辉，邓传圣编著. —北京：机械工业出版社，2020.9（2025.2 重印）

（Autodesk 产品设计与制造软件集丛书）

ISBN 978 - 7 - 111 - 66087 - 3

Ⅰ.①A… Ⅱ.①刘… ②胡… ③邓… Ⅲ.①机械设计-计算机辅助设计-应用软件-教材 Ⅳ.①TH122

中国版本图书馆 CIP 数据核字（2020）第 122924 号

机械工业出版社（北京市百万庄大街 22 号 邮政编码 100037）
策划编辑：张雁茹　　责任编辑：张雁茹
责任校对：王　欣　　封面设计：张　静
责任印制：单爱军
北京虎彩文化传播有限公司印刷

2025 年 2 月第 1 版第 4 次印刷
184mm×260mm・15.25 印张・329 千字
标准书号：ISBN 978 - 7 - 111 - 66087 - 3
定价：59.80 元

电话服务　　　　　　　　　网络服务
客服电话：010 - 88361066　　机 工 官 网：www.cmpbook.com
　　　　　010 - 88379833　　机 工 官 博：weibo.com/cmp1952
　　　　　010 - 68326294　　金 书 网：www.golden-book.com
封底无防伪标均为盗版　　机工教育服务网：www.cmpedu.com

受作者所托为本书作序，不胜荣幸。PDMC 是 Product Design & Manufacturing Collection 的首字母缩写，是 Autodesk 公司面向制造业提供的整套解决方案。大家可能对 Autodesk 公司的 AutoCAD、3DsMax 等产品非常熟悉，其实 PDMC 套件中的 Inventor 产品才是其核心。三位作者都是 Inventor 的资深用户，拥有十多年服务制造业信息化的经验，很欣喜地看到他们能够组合在一起，为广大读者带来基于 PDMC 产品的独到见解。

Inventor 产品面世已经超过 20 年，为上百万客户提供了持续升级的软件功能，目前已经形成设计仿真一体化、设计制造一体化、机电一体化、数字化工厂等成体系的解决方案，而且 iLogic 正在引领企业的设计自动化浪潮。对于 Inventor 日益复杂的功能，一本书已经难以涉及所有细节，因此在三位作者巧妙构思下，诞生了"Autodesk 产品设计与制造软件集丛书"的想法。我很有幸与三位作者参与了前期内容的交流和探讨，并在差不多半年之后就看到了第一本书的雏形，实在惊讶于他们的创作能力。

身处一个融合的时代，我们发现行业在逐渐融合，软件工具也在悄然变化中。以前单纯的三维设计软件已不复存在，而演变成为包含各种衍生功能的统一设计研发平台。在线协同、MBD 等功能将极大地提升设计研发的效率，而 AnyCAD 技术将破解不同厂商三维数据互用的问题。同时，建筑业和制造业的设计软件将发生更多设计数据的交互，促进两个行业的融合。三位作者基于多年对行业的理解，结合软件的功能讲解具体的应用实践，由浅入深，娓娓道来，因此本书是不可多得的专业学习资料。

我非常欣慰地看到，三位作者能够将多年积累的知识整理出来，并以教程的形式传递给广大的 Autodesk 用户。正是因为这些专业作者的不断传播，持续提升了 Inventor 软件的价值，并且他们以这种方式为中国智能制造贡献着自己的力量。我也非常期待，在第一本书出版发行后，可以陆续看到他们后续的作品。

刘红政　博士

欧特克软件（中国）有限公司 制造业技术总监

Foreword

前　言

对于制造业的企业用户来说，在产品开发的过程中通常会用到二维、三维、仿真分析、加工编程、工厂布局等各类 CAD/CAE/CAM 工具软件。为了用户使用和购买的方便，Autodesk 将其核心软件 AutoCAD、Autodesk Inventor、Fusion 360 以及基于这些软件开发的各种功能模块（电气设计、机械设计、管路设计、线缆设计、分析仿真、加工编程、工厂设计等）进行打包，该软件包称为 Autodesk 产品设计及制造软件集，即 PDMC。

Autodesk Inventor 是 PDMC 的核心组成部分，它是一款功能强大的三维机械设计平台，包含草图、零件、部件、工程图等标准模块，提供焊接件、钣金件、管路管道、线缆线束、仿真分析、MBD、iLogic、工厂布局、渲染、手册制作等各类特色功能和专业模块，也提供非常丰富的数据接口，能实现与其他各类软件的数据传递和交互。Autodesk Inventor 不仅是一款三维设计工具，它还可以成为企业进行产品研发、仿真和制造的三维平台。

很多读者在学习 Autodesk Inventor 的过程中，通常会不知道从哪里下手，画草图如何选取标准和参考，做零件如何设置主参数，部件装配怎么选择约束类型更合理，动画如何做，公差分析如何快速进行，钣金件怎么设计更合理，焊接件该如何做更方便出图下料和焊接，自顶向下从哪里开始，系列化该怎么做等。因此，本书以一个完整的产品设计为例，由浅入深地讲解 Autodesk Inventor 如何高效、合理地完成该产品的设计。这些也是编者多年实践经验的积累和总结，希望为各位读者学习和使用 Autodesk Inventor 提供帮助。

编者具有十多年从事 Autodesk Inventor 软件销售、培训和实施的丰富经验，帮助了众多用户成功应用 Autodesk Inventor。非常高兴能有机会把自己多年进行企业软件培训和应用实施的经验汇总成书。希望读者在阅读本书的过程中能够有所收获，并启发创作的灵感，设计和制造出更加优秀的产品。

诚挚感谢刘红政博士在百忙之中为本书作序。感谢在编写此书的过程中给予帮助和支持的各位朋友、同仁，也对 Autodesk 公司的罗海涛、黎娜等的支持表示衷心的感谢。由于作者水平有限，书中难免有疏漏之处，欢迎广大读者批评指正。

编　者

Contents

目 录

第1章 软件设置及基础操作

Chapter One

视频二维码

/学习目标/

1) 了解 Inventor 常用选项设置。
2) 了解 Inventor 基础界面及基本操作。

  Autodesk Inventor 是 Autodesk 公司出品的、面向产品设计和工程的专业级三维 CAD 软件,提供了专业级三维机械设计、文档编制和产品仿真工具。Inventor 有强大的参数化建模、直接编辑、自由建模以及基于规则的设计功能,也有专业的功能设计模块,如塑胶件设计、钢结构设计、钣金件设计、焊接件设计、设计加速器、三维布管、电缆线束、仿真分析、iLogic 等模块。本章主要介绍 Inventor 的界面、基础操作以及常用设置,这是高效地完成一个产品设计的开始。

1.1 软件界面

  Inventor 从 2020 版本开始,整体界面采用浅色调,无论新老用户,都会有一个更加直观、明快、简洁的使用体验。Inventor 的主要窗口界面如图 1-1 所示。

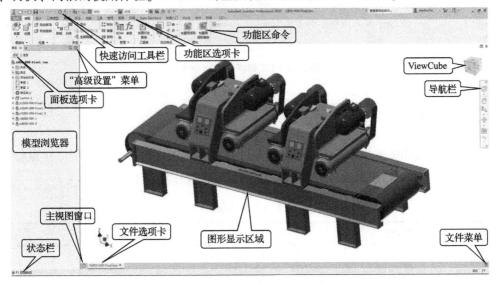

图 1-1 Inventor 的主要窗口界面

- 快速访问工具栏：支持快速访问少量的一组命令，可自定义。
- 功能区选项卡：包含命令和环境。
- 功能区命令：与激活文件类型相关的命令。
- 面板选项卡：显示与激活的文件相关的内容。该面板可以固定在任何应用程序框架中。
- "高级设置"菜单：用于访问激活面板的高级设置。
- 模型浏览器：包含在激活窗口中处理的零部件、工程图或表达视图。该浏览器可以固定在任何窗口中，也可以浮动在图形显示区域的左侧。
- 状态栏：显示在软件窗口的左下角，它显示激活命令所需的下一个动作。
- 主视图窗口：用于快速访问主视图窗口。
- 文件选项卡：用于切换不同的文件。
- 文件菜单：用于访问【排列】、【平铺】和【切换】命令，可以在此处关闭部分文件或所有文件。
- 图形显示区域：在其中显示模型、表达视图或工程图。
- 导航栏：用于快速访问导航工具。
- ViewCube：用于快速切换其他视图方向。

根据功能不同，每个功能区选项卡下面又分为多个面板，例如零件建模环境中的【三维模型】选项卡，其下面又分为【草图】、【创建】、【修改】、【探索】等面板，如图 1-2 所示。

图 1-2 【三维模型】选项卡

1.2 鼠标操作

Inventor 中鼠标操作非常灵活。由于几乎所有的操作都离不开鼠标，所以对鼠标操作的掌握程度直接关系到建模的效率。Inventor 中的鼠标操作见表 1-1。

表 1-1 鼠标操作

鼠标按键	功能说明
鼠标左键（MB1）	单击：选择对象
	双击：编辑对象

(续)

鼠标按键	功能说明
鼠标中键（MB2）	向上滚动：缩小（默认为缩小，可以在系统选项中修改缩放方向） 向下滚动：放大 按下中键：移动绘图区域模型 双击：全屏显示
鼠标右键（MB3）	显示当前场景下可用的快捷命令 圆角 测量(M)　　　拉伸 撤消　　　　　旋转 工作平面　　　孔 新建草图 重复 打开(R) 新建三维草图 尺寸显示 ▶ 创建 iMate(M) Q 全部显示(A) 隐藏其他(H) 放置特征… 上一视图 F5 主视图 F6 帮助主题(H)…

1.3　软件基本设置

对于一款设计工具来说，要想快速、准确地进行工作，使用前的绘图环境设置必不可少。对于 Inventor 用户来说，帮助系统、设计模板、设计单位以及设计项目等设置都是非常重要的。下面将介绍如何在 Inventor 中完成基本设置。

1.3.1　视频教程

第一次启动 Inventor 时，会弹出如图 1-3 所示的界面。

单击【开始工作】，即直接进入设计界面；单击【开始学习】，即显示如图 1-4 所示的在线视频教程，这些视频教程是由来自全球的 Inventor "发烧友"制作并上传的，以实例为主，有兴趣的读者可以下载学习，建议从【快速入门】中的案例开始学习。系统默认显示的是全球所有语言的视频教程，可以设置左侧的【语言】过滤器，让其只显示"简体中文"的教程。

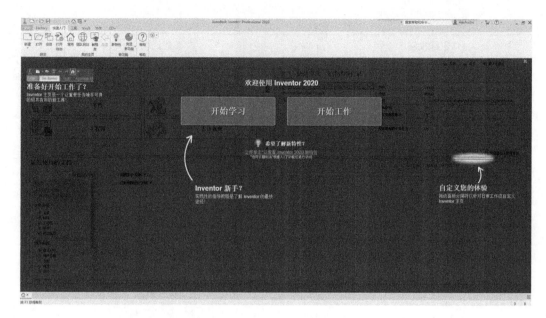

图 1 - 3　Inventor 第一次启动界面

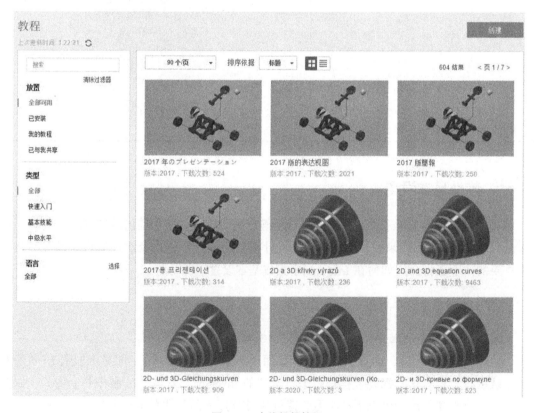

图 1 - 4　在线视频教程

图 1 - 5 所示即为选择"简体中文"后的界面。

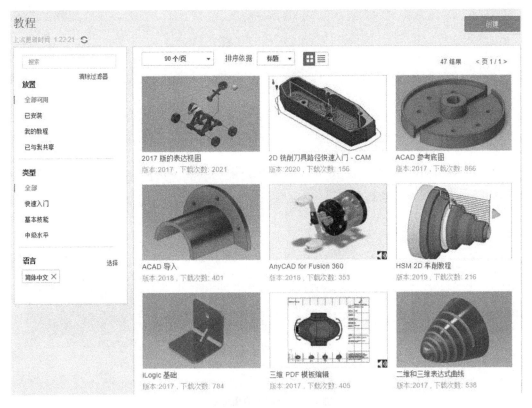

图 1-5 "简体中文"版的视频教程

单击某个视频教程后，会弹出如图 1-6 所示的下载界面，此时可以下载此教程。

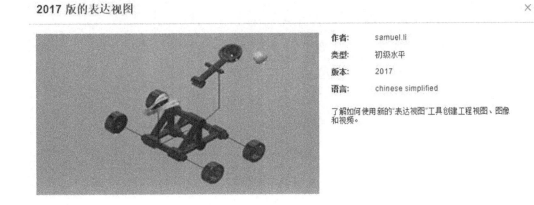

图 1-6 下载视频教程

下载完成后的教程可以在【教程】/【已安装】中查看，如图 1-7 所示。

图 1-7　下载后的视频教程

此时单击任何想学习的课程，即可进入教程互动界面，此处不再赘述。

在任何时候，都可以通过【快速入门】/【教程库】启动此教程，如图 1-8 所示。

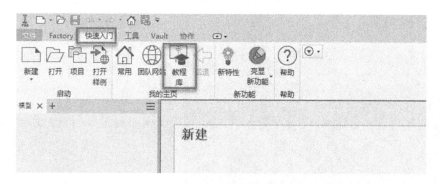

图 1-8　访问【教程库】

1.3.2　本地帮助文件

帮助文件可帮助读者更好地学习 Inventor。默认情况下，Inventor 在安装过程中是不会安装帮助文件到本地的。每次按 <F1> 键或单击 Inventor 的【帮助】时，启动的都是基于因特网的在线帮助文件，如果计算机此时没有网络连接，那么就无法访问帮助文件。可以使用如下方法来安装并使用本地帮助文件。

操作步骤

步骤一：启动 Inventor 软件，单击【工具】选项卡中的【应用程序选项】，此时将会打开【应用程序选项】对话框，并默认显示【常规】选项卡。【帮助选项】框中的【安装的本地帮助】为灰色，不可用，如图1-9所示。

图1-9　【应用程序选项】对话框

单击【下载本地帮助】，此时会以操作系统默认的浏览器打开离线帮助文件的下载页面，选择"简体中文"，完成帮助文件"autodesk_ inventor_2020_ help_ chs. exe"的下载。下载完成后关闭 Inventor，然后运行刚才下载完成的离线帮助文件，其默认的安装路径为 C：\ ProgramData \ Autodesk \ Inventor 2020。

步骤二：启动 Inventor 并打开【应用程序选项】对话框。此时会发现在图1-9中灰色显示的【安装的本地帮助】单选按钮现在可以选择了，选择它，如图1-10所示，然后单击【确定】退出【应用程序选项】对话框。

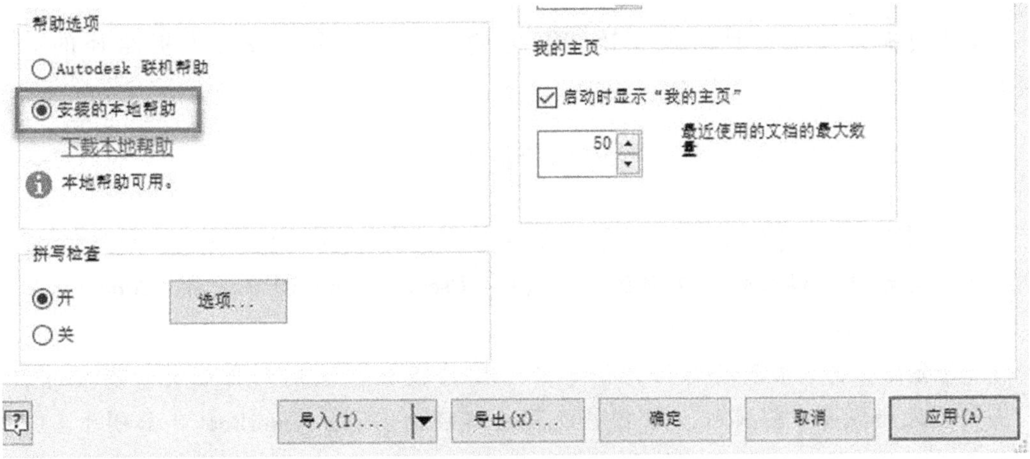

图1-10　选择【安装的本地帮助】

步骤三：验证本地帮助文件是否正确安装。启动 Inventor 后按 < F1 > 键或单击 Inventor 软件右上角的 "?"，即会启动 Inventor 的帮助文件。如图 1 - 11 所示，链接中显示的是本地 C 盘路径，说明本地帮助文件已经成功安装并可以使用了。

图 1 - 11　查看本地帮助文件

1.3.3　设计模板设置

设计模板是保证设计环境正确设置的重要文件。更改设计模板路径的方法如下。

操作步骤

步骤一：打开【应用程序选项】对话框，并切换到【文件】选项卡，如图 1 - 12 所示，查看设计模板的系统默认路径（C：\Users\Public\Documents\Autodesk\Inventor 2020\Templates\zh-CN）。

步骤二：将本书配套练习文件中的 "设计模板" 复制到自己的计算机中，并设置此模板为当前模板，本书中设置的路径为 D：\InventorBook，如图 1 - 13 所示。

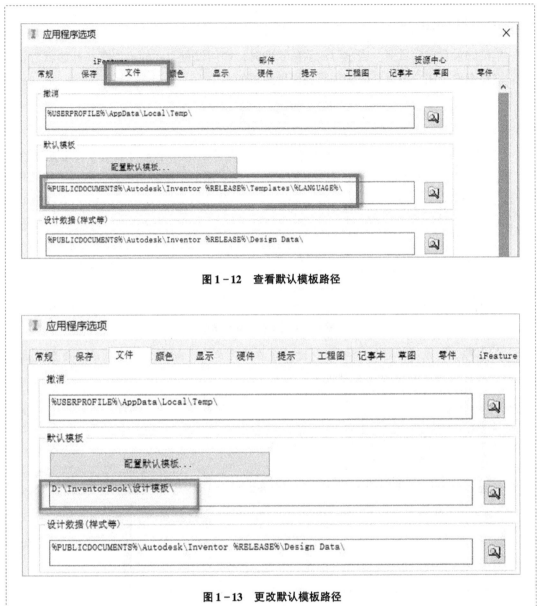

图 1 - 12　查看默认模板路径

图 1 - 13　更改默认模板路径

☀️ /注意/　　设计模板对于任何一个用户或公司来说都是非常重要的。建议公司使用统一的设计模板，这样有利于统一设计标准，以便进行统一管理。通常应将模板放置在服务器上存放公司模板的只读文件夹中，而不应该放在 C 盘，以防止重装系统时丢失。

1.3.4 单位设置

单位的设置非常重要。当学习一款新软件时，如何设置文件的单位在一开始就应该了解，这样有助于用户可以随时根据需要设置想要的单位。

操作步骤

步骤一：打开某个文件或者新建一个空白文件之后，单击【工具】/【文档设置】，如图 1-14 所示。

图 1-14 【文档设置】命令

步骤二：在【单位】选项卡中设置当前文件单位，如图 1-15 所示。设置完成之后单击【确定】退出【文档设置】对话框。

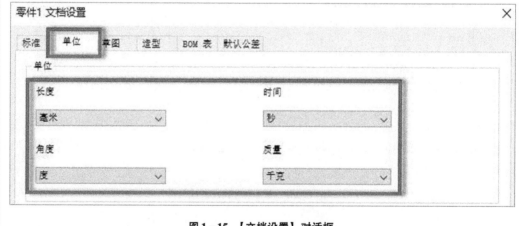

图 1-15 【文档设置】对话框

1.3.5 项目设置

在 Inventor 中新建第一个文件时就应该具有项目管理的思想。可以通过项目管理工具管理项目类型、项目名称，设置项目工作路径、模板文件路径，指定项目中包含的材料库路径等。那么如何进行项目设置呢？

操作步骤

步骤一：单击【快速入门】/【项目】，即可快速启动项目编辑器，如图1-16和图1-17所示。

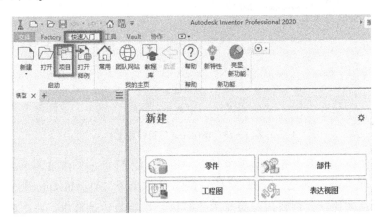

图1-16　【快速入门】选项卡

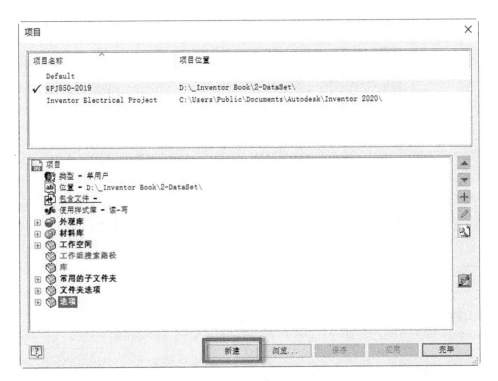

图1-17　项目编辑器

步骤二：单击图1-17所示的【新建】按钮，根据项目向导，创建新项目。默认使用【新建单用户项目】来创建单个项目（如果有Autodesk公司的PDM系统Vault，则可以选择【新建Vault项目】），如图1-18所示，单击【下一步】。

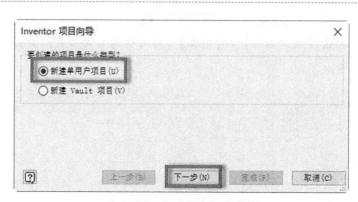

图 1-18　Inventor 项目向导 1

　　根据向导输入项目名称，指定路径，如图 1-19 所示，单击【完成】。这样就创建了一个名为"Inventor 学习"的项目，其工作路径为"D：\InventorBook"，每次打开文件或保存文件时，都默认指向此工作路径。在后面的讲解中，将会使用此项目。

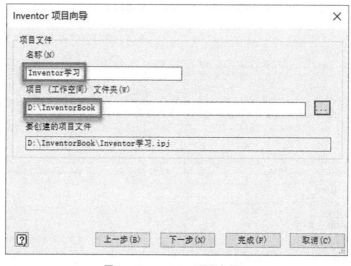

图 1-19　Inventor 项目向导 2

───

☀ /注意/　　通过项目编辑器，还可以修改项目或删除项目等。

───

1.3.6　快捷键设置

　　要自定义快捷键，可以单击【工具】/【自定义】，或者在工具栏上任意位置单击鼠标右键，在弹出的快捷菜单中选择【自定义用户命令】，如图 1-20 所示，这样即可启动图 1-21所示的【自定义】对话框。

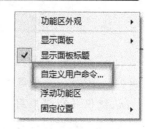

图 1-20　【自定义用户命令】选项

图 1-21　【自定义】对话框

切换到【键盘】选项卡，就可以按自己的习惯去定义快捷键了。默认显示的是所有的命令，可以通过【类别】下拉菜单过滤命令，以便快速找到所需要的命令并设置快捷键。

> ☼/注意/　编者习惯将常用快捷键设置到键盘的左手边，这样左手使用键盘，右手使用鼠标，可以很大程度上提升绘图的速度。

1.3.7　系统颜色设置

单击【工具】/【应用程序选项】，打开【应用程序选项】对话框，切换到【颜色】选项卡，本书采用图 1-22 所示的设置，这样绘图区域背景为单色。

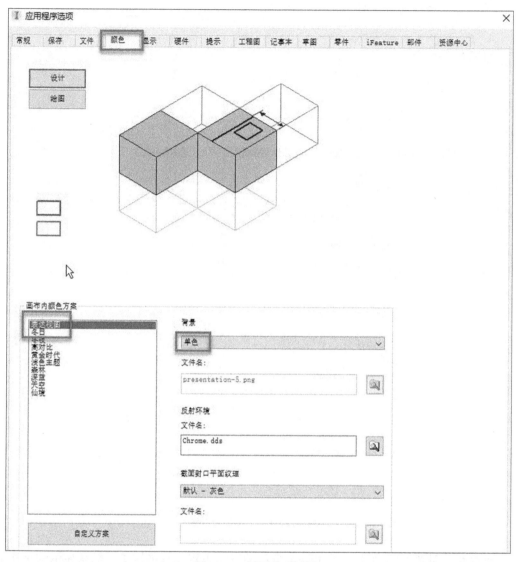

图 1-22 【颜色】选项卡

<table>
<tr><td rowspan="3">重要提醒</td><td>

• 【快速入门】中的【帮助】和【教程库】非常重要，建议在学习过程中多看、常看。

• 配置好快捷键和绘图环境是提高设计效率的基石。

• 建议多花点时间了解一下 Inventor 的特点。零件、装配体、工程图在每个“功能区选项卡”大类下按细分功能进行了归类，把同一类的功能归纳在了同一个功能面板上。

</td></tr>
</table>

第2章 草图绘制与编辑

Chapter Two

/学习目标/

1）了解 Inventor 2D、3D 草图。

2）了解 Inventor 草图约束。

　　草图是一切模型设计的开始，如果草图绘制得好，后面的工作就会轻松快捷得多。零件个体很少独立存在，通常与其他的零部件一起组成一个部件或产品，所以在绘制草图的时候，不仅要考虑零件本身，同时要兼顾产品将来的装配关系，是否需要做系列化设计，可修改性好不好，甚至还应该考虑到此零件的加工工艺等因素，所以草图规划构思是非常重要的。此章将讲述如何在 Inventor 中快速绘制草图以及如何给草图添加几何约束，以让草图准确地表达设计者的设计意图。

2.1 草图特征

　　在 3D 建模软件中，所有组成模型的元素都称为特征，而特征又分为草图特征和应用特征。草图特征指基于二维草图的特征，例如拉伸特征、旋转特征等；基于特征的特征则指直接创建于实体模型的特征，例如倒角特征、拔模特征等。在创建零件的过程中通常第一个创建的就是草图特征。

视频二维码

2.2 草图绘制

　　草图分为二维平面内的草图以及三维空间中的草图。

> ☀ /注意/
> 二维草图只能在一个平的面上创建。当激活草图绘制后，需要选择一个草绘基准面，此时如果单击某个面但是一直选不中，则说明此面不是一个平的面，而是一个曲面。如果选择的面不是一个平的面，是无法绘制二维草图的。

　　前面我们已经创建了一个项目文件，这里继续使用此项目文件进行后续操作。启动 Inventor，确保"Inventor 学习"为当前项目，如图 2-1 所示。如果"Inventor 学习"后面的复选框没有勾选，可双击它来使其成为当前激活的项目。

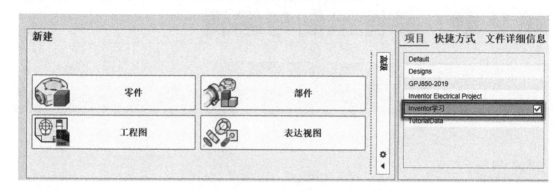

图 2-1　当前项目

单击工具栏上的【新建】□图标，并在弹出的【新建文件】对话框中选择"零件"下的"Standard.ipt"模板，然后单击【创建】来新建一个零件，如图 2-2 所示。

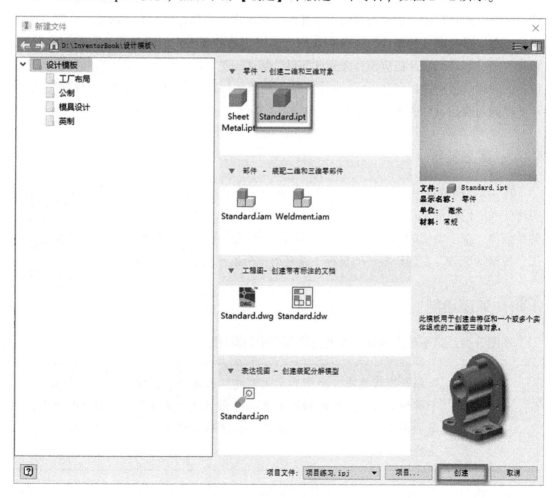

图 2-2　新建零件

此时 Inventor 会开启零件建模界面，并默认激活【三维模型】选项卡，如图 2 - 3 所示。

图 2 - 3 零件建模界面

> ☼ /注意/ 双击 "Standard. ipt" 模板也可以开启图 2 - 3 所示的界面。

2.2.1 绘制直线

绘制直线的要点如下：

1）直线绘制时，在直线终点（下一线段起点）按住鼠标左键并拖动可以绘制相切圆弧。

2）在直线终点双击可以结束此直线绘制，并保持直线命令仍然处于激活状态。

3）可自定义草图界面环境。

4）退出草图后，在设计树上双击草图即可再次编辑草图。

单击【开始创建二维草图】，如图 2 - 4 所示，此时会在绘图区域显示系统默认的三个基准面，选择 "XY 平面" 作为草图绘制的基准面。此时 Inventor 会在 XY 平面上开启草图绘制，并自动调整视图方向为 XY 平面的法向方向。

图 2 - 4 【开始创建二维草图】命令

如果不小心旋转了视图，草图绘制方向不再垂直于草绘基准面，可以在绘图区域右侧的导航工具中单击【观察方向】 ⬜ 图标，如图 2 - 5 所示，然后选择草绘基准面，或者选择已经绘制了的草图对象，就又可以将视角调整到垂直于所选草绘基准面的方向了。

在【创建】面板上单击【线】 ／ 图标，或者在绘图区域空白处单击右键，然后选择【创建直线】命令，即可启动直线绘制，如图 2-6 所示。此时光标会变为一个十字叉，且带有一个高亮显示的黄色圆球。

在绘图区域中的任何位置单击，确定直线的起点，然后往起点的右上方移动，如图 2-7 所示，不要单击，而是直接输入直线长度"10"，然后按一下 < Tab > 键，就会自动切换到角度值，如图 2-8 所示。输入"45"并按 < Enter > 键，将得到一条长度为 10mm，角度为 45°的直线，如图 2-9 所示。

图 2-5 【观察方向】图标

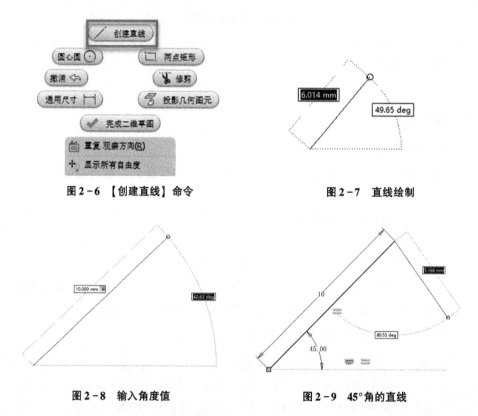

图 2-6 【创建直线】命令　　　　　　　图 2-7 直线绘制

图 2-8 输入角度值　　　　　　　图 2-9 45°角的直线

当绘制完一条直线后，下一线段的起点即为上一线段的终点，如图 2-9 所示。如果不想以上一线段终点作为下一线段的起点且想继续绘制直线，单击右键，在弹出的菜单中选择【重新启动】，如图 2-10 所示。此时就会结束上一直线的绘制，并保持直线命令处于激活状态，可以重新开始绘制另外一条直线了。

除了上述方法外，将光标移动到上一直线的终点并双击，同样可以结束上一直线的绘制，并可保持直线命令处于激活状态。如果直接按下 < Esc > 键，或在图 2-10 中单击【确定】，则会终止直线命令。要继续绘制直线，则需要再次启动直线命令。当然，在绘制直线的过程中可以先不输入尺寸或角度等，而是在绘制完成之后再添加尺寸约束。

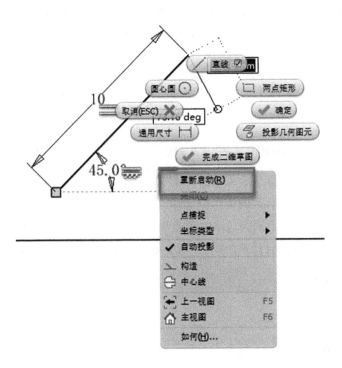

图 2 - 10　【重新启动】命令

2.2.2　绘制样条曲线

单击【草图】／【线】／【样条曲线】，就可以创建样条曲线了。样条曲线有两种控制点的方法，一是"控制顶点法"，二是"插值法"，其中插值法是大多数人容易控制的方法。具体区别如图 2 - 11 和图 2 - 12 所示。

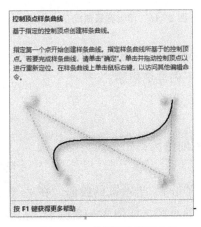

图 2 - 11　控制顶点样条曲线

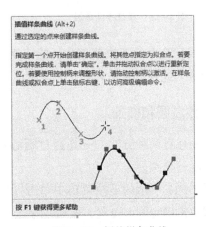

图 2 - 12　插值样条曲线

使用插值法绘制如图 2 - 13 所示的样条曲线。从第二个点开始，每次单击一个位置点后，在鼠标单击的位置会出现如图 2 - 14 所示的图标。"√" 表示终止样条曲线绘制，并结束样条曲线命令；" + " 表示完成当前样条曲线绘制，但不会结束样条曲线命令，用户可以继续绘制新的样条曲线。单击 "√" 完成样条曲线的绘制。

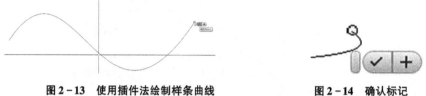

图 2 - 13　使用插件法绘制样条曲线　　　　图 2 - 14　确认标记

绘制完样条曲线之后，如果希望添加样条曲线的控制点，那么可以在样条曲线上单击右键，并在弹出的如图 2 - 15 所示的菜单中选择【插入点】。如果要删除某个控制点，可将光标移动到此控制点，当控制点高亮显示时单击鼠标右键，在弹出的菜单中单击【删除】。如果选择了右键菜单中的【闭合样条曲线】，就会闭合刚才绘制的样条曲线，如图 2 - 16所示。

图 2 - 15　修改样条曲线　　　　图 2 - 16　闭合样条曲线

在【线】命令的下拉菜单中，除了两种绘制样条曲线的方法外，还有一个【表达式曲线】命令，此种方法是方程式二维曲线，这里不做详细描述。

2.2.3　绘制圆和椭圆

圆的创建有两种方法，一是通过圆心和半径创建圆，二是通过与三条边相切绘制一个圆。

在图 2 - 17 所示的下拉菜单中单击【圆】（圆心），进行圆的绘制。在绘图区域单击确定圆心位置，然后再单击确定圆的半径，如图 2 - 18 所示，也可以通过单击来确定圆的直径，或输入一个值来确定圆的直径。

视频二维码

如图 2-19 所示，选择【圆】（相切）命令后，再选择三条直线边，就可以生成圆。

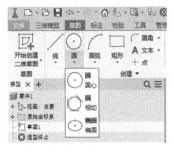

图 2-17　圆的绘制

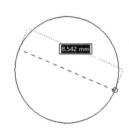

图 2-18　圆心-半径圆

图 2-19　相切圆

椭圆的绘制则是通过确定椭圆的中心、长轴、短轴来完成的。如图 2-20 所示，单击确定椭圆中心后，移动鼠标，则会有一条中心线显示出来。单击确定椭圆的一个轴，再移动鼠标，则会显示图 2-21 所示图形，再次单击完成椭圆的绘制。

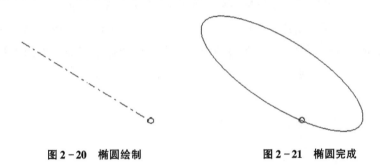

图 2-20　椭圆绘制　　　　　　　　　　图 2-21　椭圆完成

2.2.4　绘制圆弧

如图 2-22 所示，圆弧的绘制有三种方法，分别是三点圆弧、相切圆弧和圆心圆弧。选择【圆弧】（三点）命令，然后单击三次，分别确定圆弧的两个端点以及半径，就可以完成圆弧的绘制，如图 2-23 所示。使用【圆弧】（相切）命令可以绘制一条与所选直线或曲线端点相切的圆弧，如图 2-24 所示。

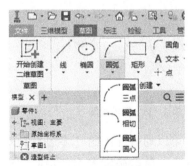

图 2-22　【圆弧】命令

图 2-23　三点圆弧

图 2-24　相切圆弧

当使用【圆弧】（圆心）命令时，单击确定圆心位置，如图 2-25 所示，再次单击确定圆弧起点，然后再单击确定圆弧终点，如图 2-26 所示。

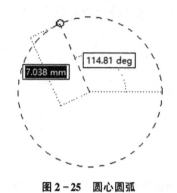

图 2 – 25　圆心圆弧　　　　　　　　图 2 – 26　圆心圆弧完成图

2.2.5　绘制矩形、 槽、 多边形

在 Inventor 中有四种绘制矩形的方法，我们可以根据不同场景需要选择不同的方法，如图 2 – 27 所示。可以通过确定矩形的两个对角顶点来绘制矩形，也可以通过确定矩形的三个顶点来绘制矩形，或者通过矩形的中心和一个顶点来绘制矩形，而"三点中心"的方法则是通过确定矩形的中心、一条边的中心以及一个顶点来完成矩形的绘制。

槽的绘制也非常方便，如图 2 – 28 所示，这里不再赘述。

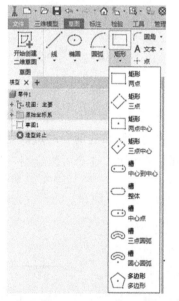

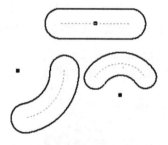

图 2 – 27　矩形、槽、多边线命令　　　　　图 2 – 28　槽的绘制

【多边形】命令启动后，它默认是绘制内切多边线，可以通过弹出的【多边形】对话框来选择是内切多边形还是外切多边形，如图 2 – 29 所示。单击确定多边形中心，出现图 2 – 28 所示情形，再次单击确定多边形大小，如果不再继续绘制多边形，单击【完毕】结束多边形绘制。

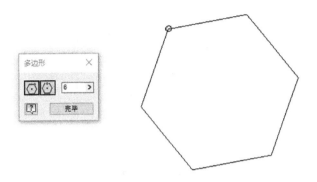

图 2-29 多边形绘制

2.2.6 绘制圆角和倒角

在草图中添加倒角主要有倒圆角和倒 C 角两种方法。开启草图绘制后，绘制一个矩形，然后在【创建】面板上选择【圆角】命令，会出现图 2-30 所示的【二维圆角】对话框，圆角半径默认为 2mm。移动光标至顶点的位置会出现预览，共享此顶点的两条边会高亮显示为红色，圆角显示为绿色。单击选中左上角的顶点，并用同样的方法选择另外三个顶点，完成倒圆角，如图 2-31 所示。

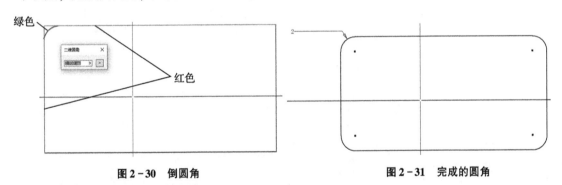

图 2-30 倒圆角   图 2-31 完成的圆角

上述方法完成的圆角只标有一个尺寸。实际上在我们启动【圆角】命令时，在【二维圆角】对话框中有个小按钮，如图 2-32 所示，当此按钮被选中，选择的倒圆角对象只标一个尺寸，如图 2-31 所示。如果此按钮未被选中，如图 2-33 所示，当再次选中四个顶点倒圆角时，是如图 2-34 所示的四个不关联尺寸的圆角，此时可以修改任何一个圆角，而不会影响其他圆角值。

图 2-32 二维圆角关联圆角值

图 2-33 二维圆角不关联圆角值

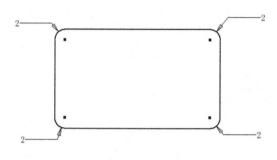

图 2-34　不关联圆角值

视频二维码

2.2.7　添加文本

在 Inventor 草图中可以方便地添加文本。在【创建】功能面板中单击【文本】右侧的下拉箭头，如图 2-35 所示，可以看到两种添加文本的方式。选择【文本】命令，然后在绘图区域空白处要放置文本的地方单击，就会弹出【文本格式】对话框，在对话框中输入文本"Inventor 学习"，如图 2-36 所示，单击【确定】即可生成文本。

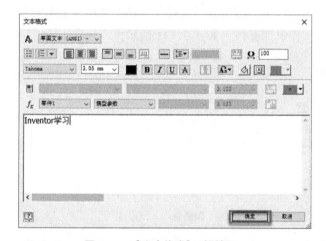

图 2-35　文本添加　　　　　　　　　　图 2-36　【文本格式】对话框

如果选择【几何图元文本】命令，就可以选择事先绘制好的直线、圆弧或圆来添加文本。这里先在草图中绘制一段圆弧，然后单击【几何图元文本】，并选择刚才绘制的圆弧，在弹出的【几何图元文本】对话框中输入"Inventor 学习"，单击【确定】完成文本添加，如图 2-37 所示。

图 2-37　几何图元文本

2.2.8　投影几何图元

使用【投影几何图元】命令，可以将不在当前草图中的几何图元投影到当前草图中，并且投影出来的草图与原始对象可以动态关联，即原始对象变更，投影图元也会变更。

打开练习文件"GZ850–005_MIR. ipt"，选择如图 2–38 所示的面，此时会弹出一个快捷工具栏，单击右侧的【创建草图】图标，即可进入草图绘制。此时再单击【创建】面板上的【投影几何图元】命令。然后在一条线上单击右键，选择【选择相切】，如图 2–39 所示，这样一整圈轮廓线会被选中，并被投影出来，投影出来的线条显示为黄色。在投影几何图元时，也可以选择某个面，将选中的面的边界轮廓投影出来。

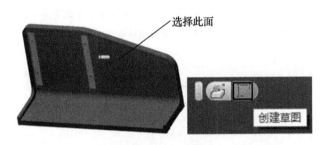

图 2–38　创建草图

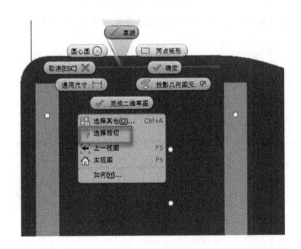

图 2–39　选择相切边线

绘制完草图后，如果要退出草图，可以单击图 2–39 所示的【完成二维草图】命令。

2.3　草图编辑：修改和阵列

通过【修改】和【阵列】面板上的命令可以对草图进行移动、复制、裁剪、阵列等操作，如图 2 - 40 所示。

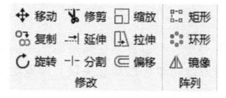

图 2 - 40 【修改】和【阵列】面板

视频二维码

【修改】和【阵列】面板的主要功能见表 2 - 1。

表 2 - 1 【修改】和【阵列】面板的主要功能

命令	详细描述
移动 ✛ 移动	将一个对象以选定的参考基准点为基准从一个地方移动到另外一个地方。如果勾选了【复制】复选框，则可以保留原对象 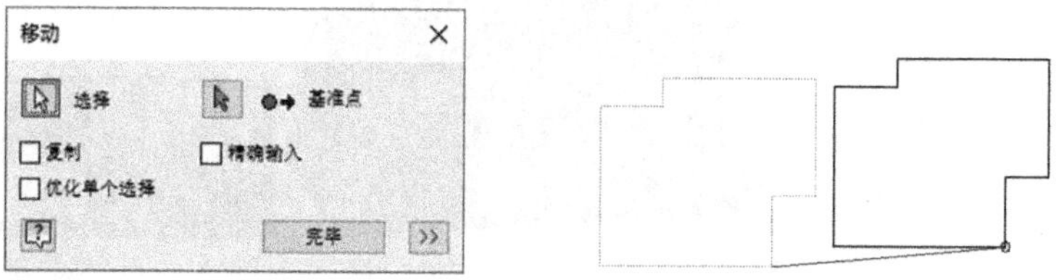
复制 复制	与【移动】类似，不一样的地方是此命令在原对象的基础上复制一个对象出来 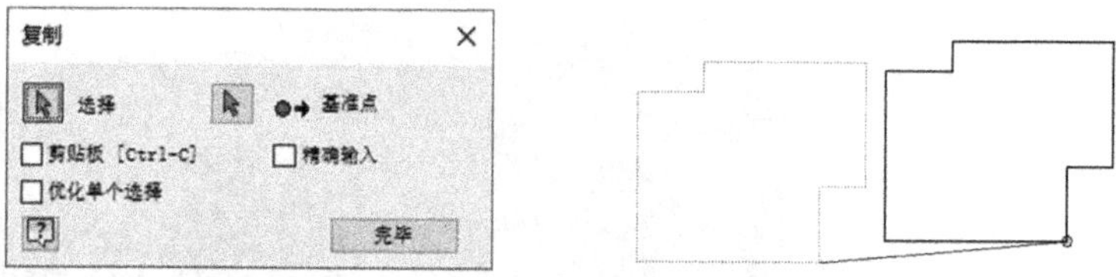
旋转 旋转	使一个选中的对象按指定的旋转中心进行旋转 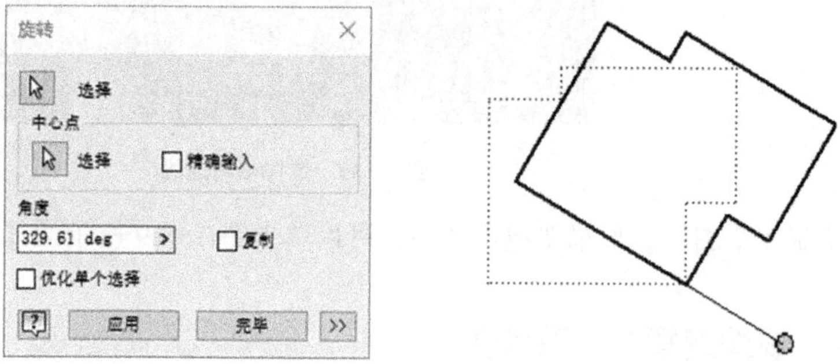

（续）

命令	详细描述
修剪 ✂ 修剪	以"就近"原则裁剪边线。按住鼠标左键并拖动，划过的对象将被裁剪；也可单击边线，直接将其裁剪 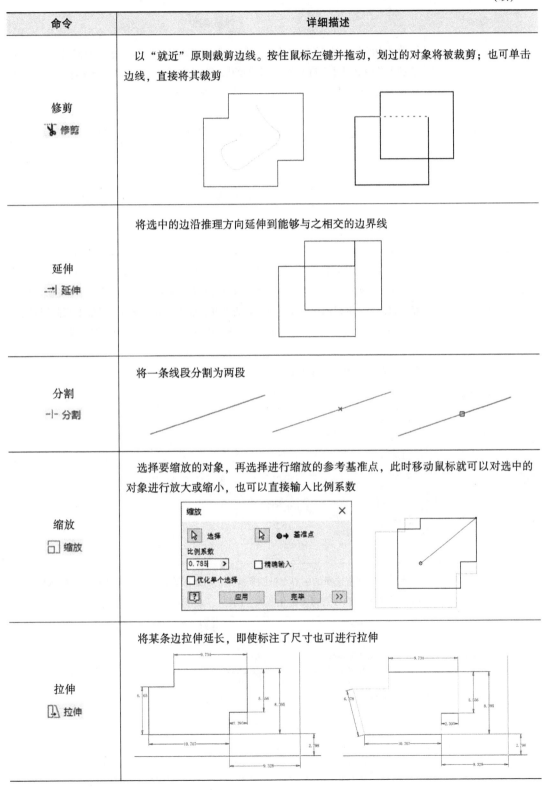
延伸 →| 延伸	将选中的边沿推理方向延伸到能够与之相交的边界线
分割 -|- 分割	将一条线段分割为两段
缩放 □ 缩放	选择要缩放的对象，再选择进行缩放的参考基准点，此时移动鼠标就可以对选中的对象进行放大或缩小，也可以直接输入比例系数
拉伸 ⟈ 拉伸	将某条边拉伸延长，即使标注了尺寸也可进行拉伸

（续）

命令	详细描述
偏移 ⊑ 偏移	将选中的草图进行等距偏移时，默认会选择关联的回路草图进行整体等距。在右键快捷菜单中取消【回路选择】，即可单独选择要等距的单个对象，然后单击右键，在弹出的菜单中选择【继续】，就可以等距选中的对象了
矩形阵列 ▫▫ 矩形	通过【矩形阵列】命令指定要阵列的方向，输入阵列数量以及间距，就可以对草图对象进行阵列。通过【抑制】选项，可以将不需要阵列的对象取消；而【关联】复选框可以决定阵列后的对象与原对象是否关联，这样可以根据需求灵活处理阵列对象。同时，在 Inventor 中还可以编辑阵列草图，这在有些 3D 软件中是无法实现的。如果勾选了【范围】复选框，则阵列的对象会在所输入的尺寸范围内阵列，即在 8mm×5mm 的矩形范围内均匀分布阵列对象
环形阵列 ⬡ 环形	使对象根据所选择的中心点做圆周阵列，与矩形阵列一样，可以通过【抑制】、【关联】、【范围】命令进行多样化控制，同样可以对环形阵列进行编辑

（续）

命令	详细描述
镜像 ⚠ 镜像	将对象根据选择的镜像线生成镜像，并同时添加对称约束关系，拖动任何一侧的草图对象，另外一侧的对象会跟随移动 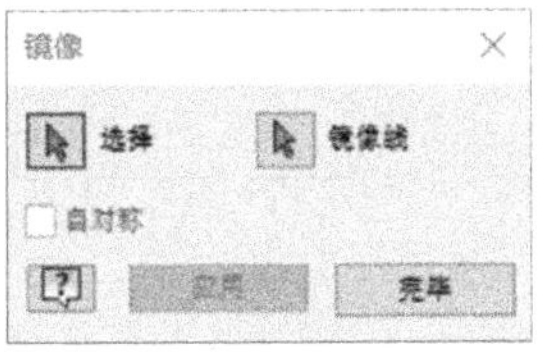 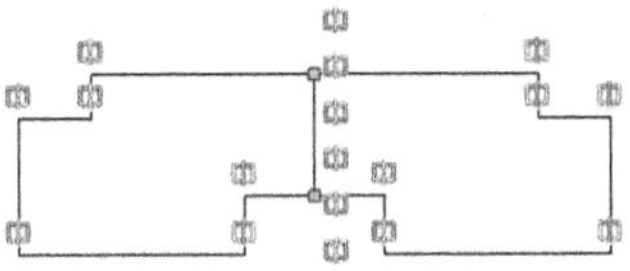

2.4　草图约束：添加尺寸和几何约束关系

视频二维码

对于草图来说，要想把它的自由度完全约束住，需要添加定形、定位约束。在 Inventor 中可以通过添加尺寸和几何约束关系来实现。【约束】面板上的尺寸约束和几何约束命令如图 2 - 41 所示。

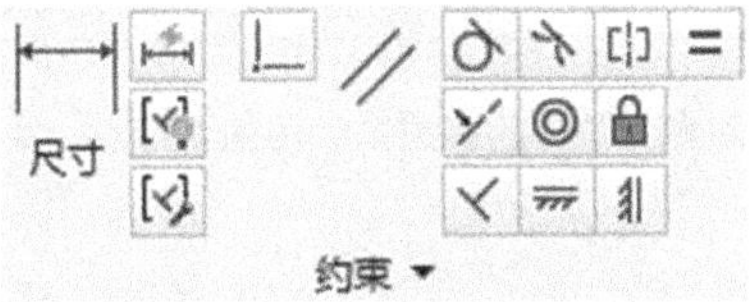

图 2 - 41　【约束】面板

【约束】面板的主要功能见表 2 - 2。

表 2 - 2　【约束】面板的主要功能

命令	详细描述
通用尺寸 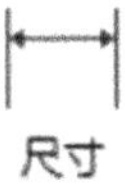 尺寸	适用于各种场合的尺寸标注，如直线、圆、圆弧等 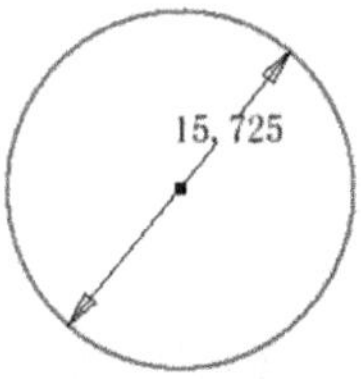
自动尺寸和约束 	自动添加所有对象的尺寸，但是标注的并不规范，所以通常此命令用得比较少 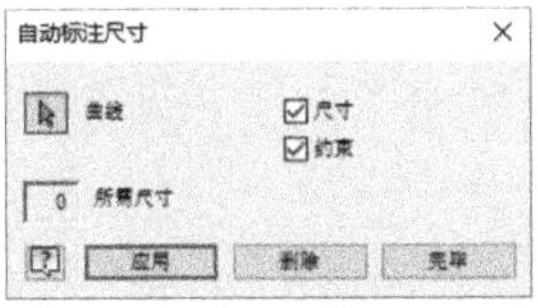 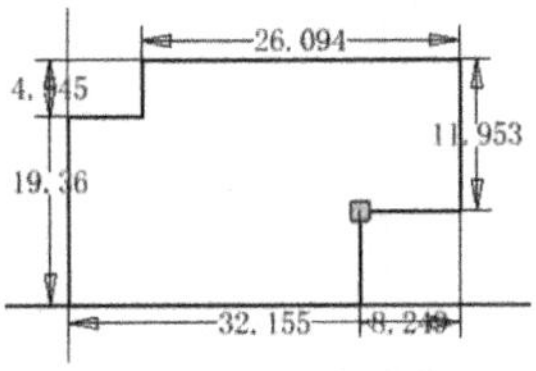

029

(续)

命令	详细描述
显示约束	可以控制对象的约束关系显示与否
约束设置	通过【约束设置】，可以约束下列选项
重合约束	设置两个对象为重合约束关系，例如点与点、线与线、点与线、点与面等
平行约束	设置两个对象为平行约束关系
相切约束	设置两个对象之间为相切约束关系

（续）

命令	详细描述
共线约束	设置两条线为共线约束关系
垂直约束	设置两个对象为垂直约束关系
平滑	将曲率连续（G2）应用到样条曲线，使它更光滑
同心约束	使两个圆弧、圆或椭圆具有同一个中心
水平约束	使直线、椭圆或成对的点平行于草图坐标系的 X 轴
对称约束	约束选定的直线或曲线以使它们相对选定直线对称

（续）

命令	详细描述
固定约束  🔒	将点或曲线固定在面的某个位置 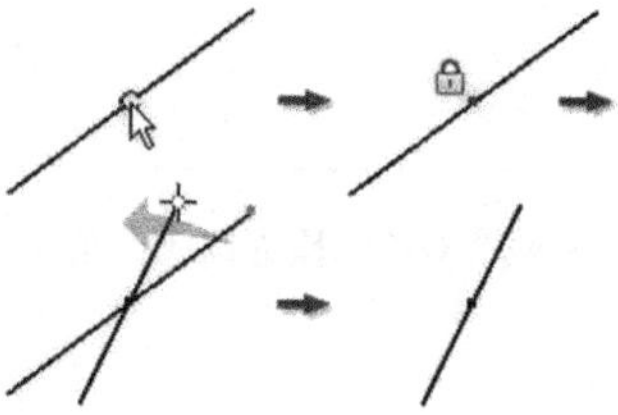
竖直约束  ⫴	使直线、椭圆或成对的点平行于草图坐标系的 Y 轴 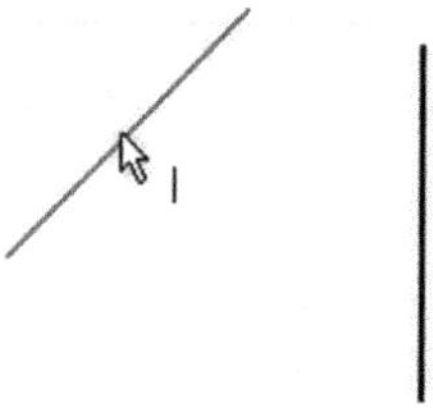
相等约束 ＝	设置线段等长或圆等直径 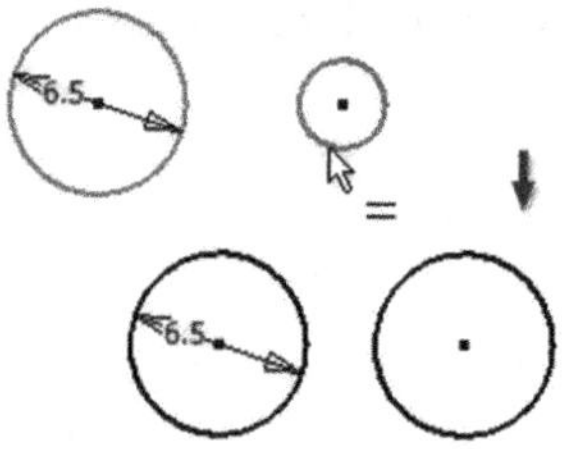

2.5 格式

【格式】面板如图 2-42 所示。

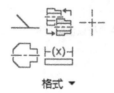

格式 ▼

图 2-42 【格式】面板

视频二维码

【格式】面板的主要功能见表 2-3。

表 2 - 3　【格式】面板的主要功能

命令	详细描述
构造线	将选中的几何图元变更为构造几何图元，当此命令选中时，新绘制的几何图元将作为构造线，不参与模型的创建
中心线	将选定的草图线更改为构造中心线，当此命令选中时，新绘制的几何图元将作为中心线草图几何图元。在 Inventor 中，中心线可以作为参与成形的几何图元，如果不希望参与几何成形，需同时将中心线设置为"构造线"，这个与其他 3D 软件是有区别的
显示格式	切换草图特性设置，在用户应用的特性设置和所有草图对象的默认线线型、颜色和线宽设置之间切换
联动尺寸	将草图尺寸从驱动几何图元切换为被几何图元驱动，当此命令选中时，新创建的尺寸为联动尺寸
圆心	在点和中心点之间切换，十字点在很多场合中都有特别的用处，例如在调用【孔】命令时，系统就只认十字点，而不认圆心点

2.6 方程式

通过【管理】选项卡下的【参数】命令可以创建变量、方程式等。如图 2 - 43 所示，可以调用模型的现有参数，也可以自定义参数。

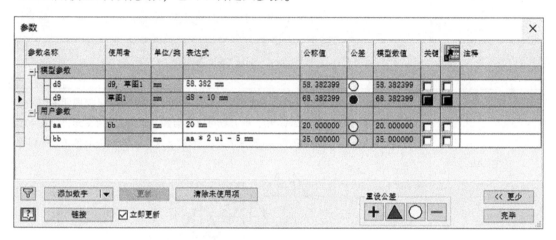

图 2 - 43　【参数】对话框

除了使用【参数】对话框外，在标注尺寸时，直接在尺寸数值框中输入"＝"，也可以输入方程式，如图 2 - 44 所示。

2.7 3D 草图

图 2 - 44　方程式快速输入

Inventor 提供了方便的 3D 草图功能，特别是在绘制焊接件或是在异形曲面建模时，都可以用到 3D 草图。

如图 2 - 45 所示，单击【三维模型】/【开始创建三维草图】，即可开始 3D 草图绘制。

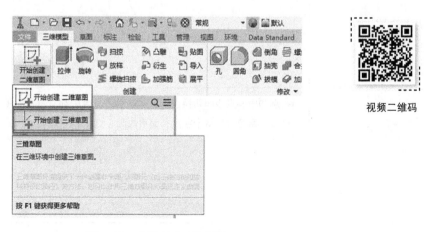

视频二维码

图 2 - 45　开始创建三维草图

单击【三维草图】/【绘制】/【直线】，然后在图 2-46 所示的三维空间中单击鼠标左键确定起点，再在所显示的三个参考平面中选择某个面，以进行直线的绘制。如图 2-47 所示，此处选择 "XY 平面" 作为绘制平面，然后绘制图 2-48 所示图形并添加尺寸约束和平行约束。

> ☼ |注意| 单击到哪里，这个临时的三维坐标就会放置在哪里。如果需要切换不同的绘图平面，选择三个参考平面中的任何一个即可。

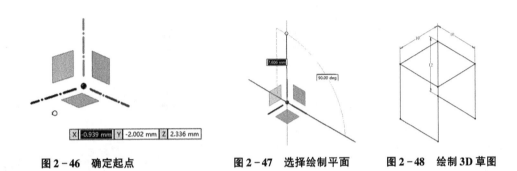

| 图 2-46 确定起点 | 图 2-47 选择绘制平面 | 图 2-48 绘制 3D 草图 |

2.8 草图练习：完全定义草图

草图完全约束后会变为深蓝色，系统默认的未定义草图也是近似的蓝色，为了更清晰地显示未定义草图，此处将未定义草图颜色设置为绿色。单击【工具】/【应用程序选项】，打开【应用程序选项】对话框，切换到【颜色】选项卡，单击图 2-49 所示的【自定义方案】。

图 2-49 【自定义方案】命令

如图 2 - 50 所示，在打开的【颜色方案编辑器】中将【欠约束曲线】的颜色设置为绿色，然后单击【确定】。

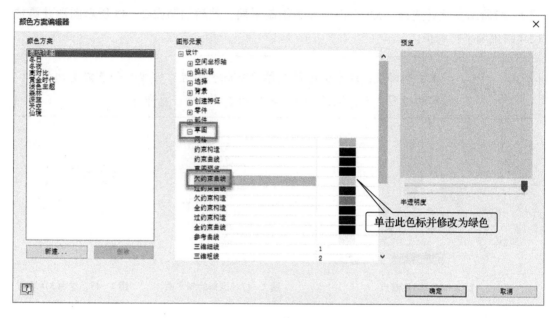

图 2 - 50　修改颜色方案

下面将新建一个 Inventor 文件，并进入 2D 草图绘制，绘制如图 2 - 51 所示的草图，通过这个草图，来体验一下 Inventor 完整的草图功能。

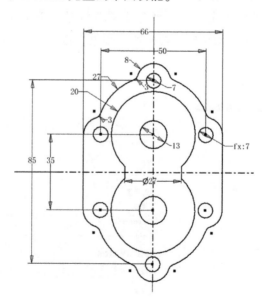

图 2 - 51　对称草图

此草图左右对称，上下对称，所以绘制四分之一模型后做两次镜像即可。

操作步骤

步骤一：在 Inventor 中创建一个新零件，选择 XY 平面作为绘图基准面。

步骤二：在【格式】面板上选中【构造线】和【中心线】，如图 2－52 所示，然后在【创建】面板上单击【线】命令，启动直线绘制。

步骤三：绘制一条水平中心线和竖直中心线，并将其与原点添加重合约束关系，如图 2－53 所示。虽然使用的是直线工具，但是绘制出来的是"构造"的"中心线"，读者可以尝试新建一个零件，在【格式】面板中只选中【中心线】，然后绘制一个矩形，做一个拉伸对比一下。

图 2－52　【格式】面板　　　　　图 2－53　中心线

步骤四：绘制图 2－54 所示的两个圆，并使用【通用尺寸】标注尺寸，注意同心圆的圆心在竖直中心线上。

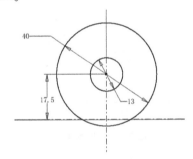

图 2－54　同心圆

步骤五：绘制图 2－55 所示的图形，并添加尺寸和约束关系。

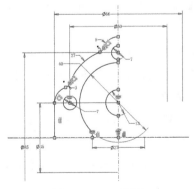

图 2－55　1/4 图形

步骤六：完成左右镜像（选择镜像对象的时候使用框选），如图 2-56 所示。

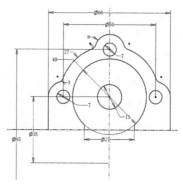

图 2-56　1/2 图形

步骤七：完成上下镜像，如图 2-57 所示。

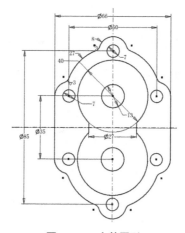

图 2-57　完整图形

<table>
<tr>
<td rowspan="7">重
要
提
醒</td>
<td>
<ul>
<li>草图是整个设计绘图过程中最重要的环节，掌握草图技巧比实体建模更为重要。</li>
<li>创建草图不仅要考虑零件本身，还要考虑可装配性、可修改性和可系列化性。</li>
<li>中心线是可以在拉伸、扫掠等特征中参与成形的，只有构造线是不参与成形的。</li>
<li>草图中尽可能不要做倒角，以增加修改的灵活性。</li>
<li>能够使用几何关系约束的，就尽量不要使用尺寸约束。</li>
<li>建议关闭自动投影功能。</li>
<li>草图中的标注应尽可能规范，如果有公差也建议在草图中添加，以为后续生成工程图提前做准备。</li>
<li>Inventor 支持 Windows 的复制、粘贴功能，但草图能够共享的，就尽量不要再次创建。</li>
</ul>
</td>
</tr>
</table>

第3章 零件建模

Chapter Three

/学习目标/

1）了解 Inventor 实体建模特点。

2）掌握 Inventor 拉伸、旋转、扫掠、放样、凸雕、抽壳、拔模、螺纹等特征。

很少有零件是独立存在的，它们与其他零部件"装配"在一起，组成产品，故而在进行 3D 零件建模之前，不仅要考虑"最佳的草图轮廓"，还要考虑此零件的装配关系，要根据零件的形状特点选择合适的观察角度和合适的建模基准面等。如果考虑得再远一些，还要考虑此零件将来是否要做参数化设计、系列化设计，甚至还要考虑零件的加工工艺、装配工艺等。所以零件建模"审题"要慢，要充分了解此零件的特点，将复杂的零件"拆分"成基础、原始的特征，这样"做题"（建模）才快，才能够想到一种相对更合理、更科学的建模思路来完成零件的建模。

在 Inventor 中模型分为实体和曲面体，其中实体是有厚度的，而曲面体是零厚度的。实体零件是由一个一个的特征组成的，而特征之间存在一定的关联关系。如图 3-1 所示，【创建】面板上的【拉伸】、【旋转】、【扫掠】、【放样】和【螺旋扫掠】是 Inventor 主要的建模特征，这些特征在创建之前都需要先绘制草图，所以称为草图特征。而【修改】面板上的【孔】、【圆角】、【倒角】和【抽壳】等特征是不需要草图的，所以称为应用特征。

图 3-1　实体特征

下面以一些具体的零件为实例来介绍这些特征命令的应用。由于零件由多个不同的特征组成，所以这里不单独介绍某一个特征的应用，而是将组成零件的几个特征组合在一起讲解，请读者在学习过程中加以注意。

3.1 创建拉伸、旋转等特征

如图 3 - 2 所示，此节将以零件 "GD850 - 001. ipt" 为例来讲解拉伸、旋转等特征的应用。

视频二维码

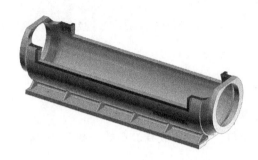

图 3 - 2　零件 "GD850 - 001. ipt"

操作步骤

步骤一: 在快速访问工具栏上单击【新建】按钮，并在图 3 - 3 所示的对话框中选择 "Standard. ipt" 作为模板来新建零件。

图 3 - 3　【新建文件】对话框

步骤二：单击【三维模型】/【草图】/【开始创建二维草图】，选择"XY平面"作为草图绘制基准面，绘制如图3-4所示的草图，并添加约束关系，完成后单击【退出】/【完成草图】退出草图的绘制。也可在绘图区域空白处单击右键，选择【完成二维草图】，如图3-5所示。

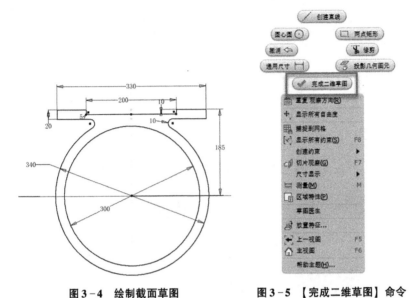

图3-4　绘制截面草图　　　　　　　　图3-5　【完成二维草图】命令

注意

在草图中，如果要显示当前草图的所有约束关系，可在图3-6所示的Inventor界面最下方的快捷工具栏上单击【显示所有约束】，显示效果如图3-7所示；再次单击【显示所有约束】可关闭约束显示。

单击图3-6所示的【显示所有自由度】，即会显示此草图的自由度情况，如图3-8所示，同时在Inventor右下角的动态显示状态栏也会显示"需要2个尺寸"；再次单击【显示所有自由度】可关闭自由度的显示。

图3-6　快捷工具栏

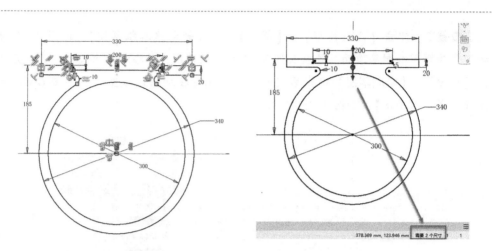

图3-7 显示所有约束　　　　　　　图3-8 显示所有自由度

步骤三：在"拉伸"特性面板中选择封闭轮廓，如图3-9所示。

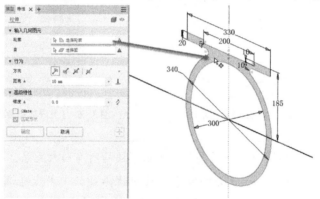

图3-9 选择封闭轮廓

在【方向】中选择【对称】，如图3-10所示，输入距离"1012mm"，单击【确定】完成对称拉伸。

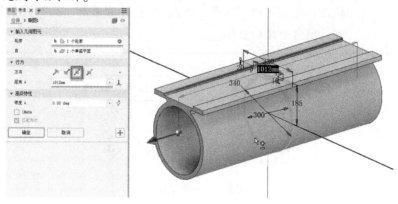

图3-10 对称拉伸

步骤四：在快速访问工具栏的【材料】下拉菜单中选择"灰口铁"，如图3-11所示，然后在【外观】下拉菜单中选择"平滑-黄色"，如图3-12所示。

图3-11　材料：灰口铁　　　　图3-12　外观：平滑-黄色

步骤五：在快速访问工具栏上单击【保存】以保存文件。如图3-13所示，保存路径为"第3章　零件建模"，文件名为"GD850-001"，单击【保存】。

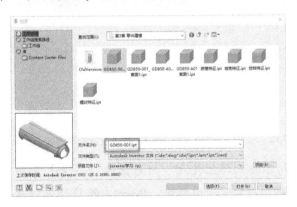

图3-13　保存文件

步骤六：单击【三维模型】/【创建】/【旋转】，如图3-14所示。在提示选择绘图平面时，在模型浏览器中展开"原始坐标系"前面的"+"，并选择"YZ平面"，如图3-15所示。

图 3-14 【旋转】命令

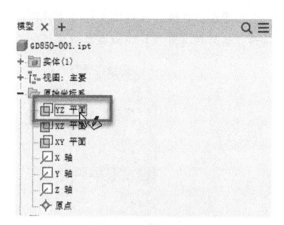

图 3-15 选择绘图平面

步骤七：在【视图】选项卡中，将【外观】面板上的【视觉样式】下拉箭头展开，选择【带隐藏边的线框】，如图 3-16 所示，此时模型由上色模式切换到线框模式。单击【草图】选项卡，在【创建】面板上选择【投影几何图元】，并选择如图 3-17 所示的边，此时会生成一条与所选边重叠的线。按 <Esc> 键退出【投影几何图元】命令。

图 3-16 选择视觉样式

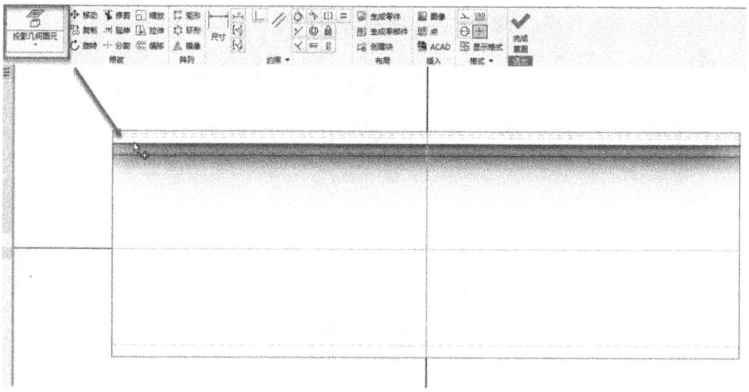

图 3-17 投影轮廓边线

根据图 3-18 所示绘制草图轮廓，然后选择【约束】面板上的【通用尺寸】进行尺寸标注。当标注对象有中心线时，Inventor 默认标注的是直径。如果要标出图 3-18 所示的"150"的尺寸，在标注尺寸时，选择直线与中心线后，不要单击鼠标左键，而是单击右键，然后在弹出的菜单中选择【线性直径】，如图 3-19 所示，此时就会显示"150"的尺寸。添加完尺寸和几何约束后单击【完成二维草图】，并在"旋转"特性面板中单击【确定】完成旋转命令，如图 3-20 所示。

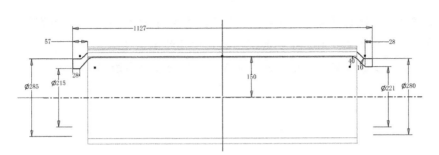

图3-18　完成的草图

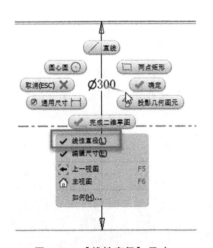

图3-19　【线性直径】尺寸

图3-20　"旋转"特性面板

步骤八：在【视图】选项卡【外观】面板的【视觉样式】下拉菜单中选择【带边着色】，如图3-21所示。这样实体就会从线框显示样式切换到上色实体显示样式，如图3-22所示。

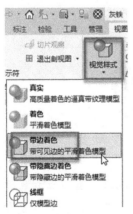

图3-21　【带边着色】命令

图3-22　上色实体显示样式

步骤九：创建拉伸切除。参考步骤二，单击【开始创建二维草图】，并选择"YZ 平面"作为绘图平面，绘制如图 3-23 所示的截面轮廓，显示样式切换参考上述步骤中的方法。绘制完成后单击【完成草图】退出草图绘制。

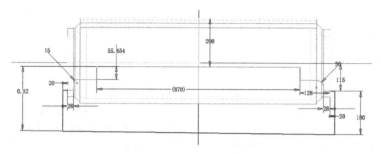

图 3-23　拉伸切除草图

单击【三维模型】选项卡上的【拉伸】命令。如图 3-24 所示，在【方向】中选择【对称】，在【距离 A】中选择【贯通】，在【布尔】中选择【剪切】。

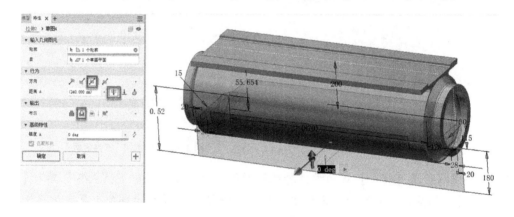

图 3-24　"拉伸"特性面板

单击【确定】完成拉伸切除，得到如图 3-25 所示的结果。

图 3-25　拉伸切除结果

步骤十：创建定位特征。定位特征是指基准面、基准轴、基准点和坐标系，可作为参考特征投影到草图中并用来构建新特征。在创建草图平面、定位参考、装配参考等场景下，可以创建定位特征来辅助完成设计意图。在【三维模型】选项卡【定位特征】面板的【平面】下拉菜单中选择【从平面偏移】，如图 3 - 26 所示，并选择图 3 - 27 所示的零件左侧的平面，输入"- 15"进行反向偏移，单击【确定】
✓ 完成一个工作平面的创建。

图 3 - 26　定位特征

选择此面

图 3 - 27　选择偏移平面

步骤十一：创建【加强筋】。单击【草图】选项卡【创建】面板中的【直线】命令，选择上一步创建的"工作平面 1"作为草图绘制平面，绘制图 3 - 28 所示的直线。

按住 < Shift > 键的同时按下鼠标中键，旋转模型到图 3 - 29 所示的视角，按下 < Ctrl > 键并保持，选择图 3 - 29 所示的两条浅黄色的投影线，松开 < Ctrl > 键，单击【草图】选项卡【格式】面板上的【构造线】，将这两条线转换为构造线。

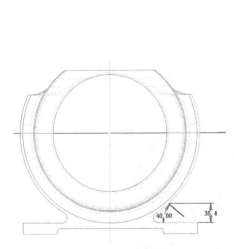

图 3 - 28　加强筋草图

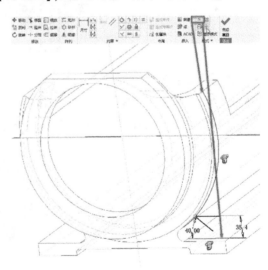

图 3 - 29　旋转视图

单击【三维模型】选项卡【创建】面板中的【加强筋】，进行如图 3 - 30 所示的设置，然后单击【确定】完成加强筋的创建，如图 3 - 31 所示。

图 3 - 30　加强筋设置　　　　　　　　　图 3 - 31　完成的加强筋

步骤十二：添加圆角。在【三维模型】选项卡上，单击【修改】面板上的【圆角】命令。选择上一步创建的加强筋的边线，如图 3 - 32 所示，创建一个半径为 5mm 的圆角。

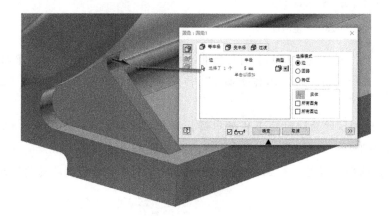

图 3 - 32　创建圆角

步骤十三：创建镜像特征，进行加强筋镜像。在【三维模型】选项卡上，单击【阵列】面板上的【镜像】命令。如图 3 - 33 所示，选择上一步创建的加强筋和圆角作为镜像特征，选择"YZ 平面"作为镜像平面，单击【确定】完成镜像。

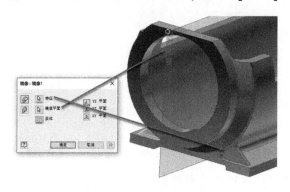

图 3 - 33　镜像加强筋和圆角

　　步骤十四：阵列加强筋和圆角。在【三维模型】选项卡上，单击【阵列】面板上的【矩形阵列】命令。如图 3-34 所示，选择上一步骤中创建的两个加强筋和圆角，并指定一条轮廓边作为阵列的方向，设置阵列的间距和数量，单击【确定】完成阵列。

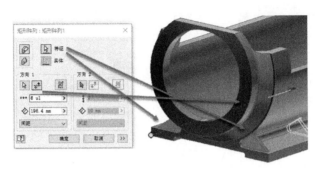

图 3-34　矩形阵列

　　步骤十五：拉伸 1。在模型浏览器中选择"XY 平面"，然后在绘图区域中单击【创建草图】快捷按钮，如图 3-35 所示，开启草图绘制，绘制如图 3-36 所示的草图。

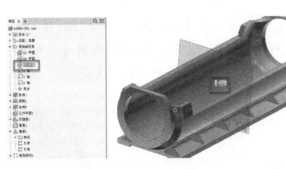

图 3-35　创建草图

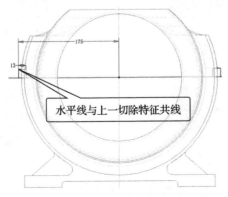

水平线与上一切除特征共线

图 3-36　绘制拉伸截面轮廓

　　单击【三维模型】选项卡中的【拉伸】命令。在"拉伸"特性面板的【轮廓】中选择刚才绘制的两个封闭轮廓，在【方向】中选择【对称】并输入拉伸距离"875mm"，【布尔】采用默认的【求并】，如图 3-37 所示，单击【确定】完成拉伸。

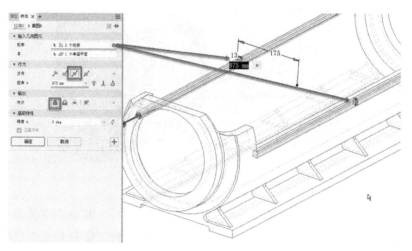

图 3-37　设置拉伸特性

　　步骤十六：拉伸 2。在绘图区域中选择图 3-38 所示的面，然后单击【创建草图】，绘制如图 3-39 所示的草图。注意图中高亮显示的【投影几何图元】，将模型的轮廓边线投影出来作为新草图轮廓。如果分不清视图方向，可以查看绘图区域左下角的坐标系。

图 3-38　选择平面

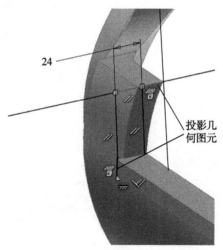

图 3-39　草图轮廓

　　绘制完草图后，单击【三维模型】选项卡上的【拉伸】命令，并按图 3-40 所示设置参数，单击【确定】完成 15mm 的深度拉伸。

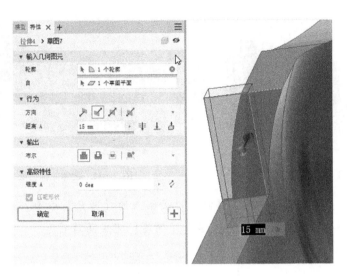

图 3-40　拉伸

步骤十七：绘制定位特征。如图 3-41 所示，在【三维模型】选项卡【定位特征】面板的【平面】下拉菜单中选择【两个平面之间的中间面】，然后选择图 3-42 所示的两个面来生成一个分中的工作平面。

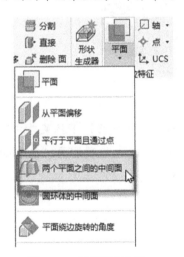

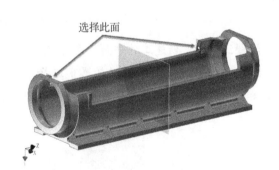

选择此面

图 3-41　选择定位特征

图 3-42　创建分中平面

步骤十八：镜像拉伸特征。在【三维模型】选项卡的【阵列】面板上单击【镜像】命令。按图 3-43 所示选择要镜像的拉伸特征，选择上一步创建的工作平面作为【镜像平面】，单击【确定】完成镜像。

步骤十九：镜像。如图 3-44 所示，在【镜像】对话框中，选择前面两个步骤中创建的拉伸特征作为【特征】，选择"YZ 平面"作为【镜像平面】，单击【确定】完成镜像。

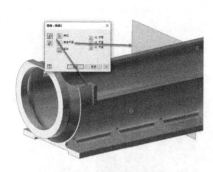
图 3 - 43　镜像拉伸特征 1

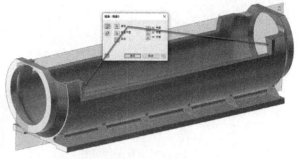
图 3 - 44　镜像拉伸特征 2

步骤二十：添加圆角。单击【修改】面板上的【圆角】命令，为图 3 - 45 所示的六条边添加半径为 1mm 的圆角，单击【确定】完成圆角创建。

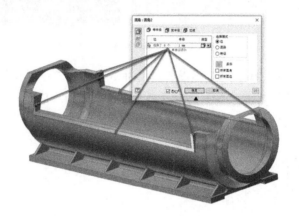

图 3 - 45　添加圆角特征

步骤二十一：创建工作平面。在【定位特征】面板的【平面】下拉菜单中选择【从平面偏移】，然后在模型浏览器中选择"YZ 平面"，输入偏移距离"220mm"，如图 3 - 46 所示，单击【确定】 ✓ 完成工作平面的创建。

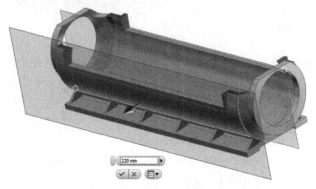

图 3 - 46　创建偏移定位特征

步骤二十二：添加贴图。单击【开始创建二维草图】，并选择上一步创建的工作平面作为绘图平面。在【草图】选项卡的【插入】面板上单击【图像】，在打开的浏览窗口中选择随书配套文件中的"Autodesk. bmp"图像，插入的图像是竖着的。单击【修改】面板上的【旋转】命令，选择插入的图像，如图 3 - 47 所示，选择图像左下角作为旋转的【中心点】，在角度中输入"- 90"，单击【应用】，然后单击【完毕】完成图像的旋转。添加如图 3 - 48 所示的尺寸约束，单击【完成草图】。

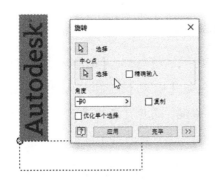

图 3 - 47　旋转图像

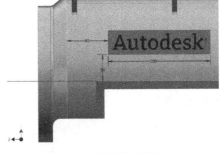

图 3 - 48　添加尺寸约束

单击【创建】面板上的【贴图】命令，如图 3 - 49 所示，选择图像以及贴图的面，单击【确定】完成贴图。效果如图 3 - 50 所示。

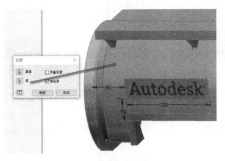

图 3 - 49　添加贴图

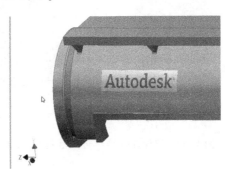

图 3 - 50　完成的贴图

步骤二十三：创建孔。如图 3 - 51 所示，在零件的顶面上单击【创建草图】。

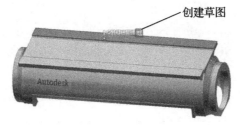

图 3 - 51　创建孔定位草图

绘制如图3-52所示的草图并添加通用尺寸。

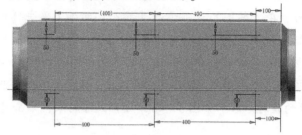

图3-52　添加通用尺寸

双击右上角的尺寸"100",如图3-53所示,在弹出的【编辑尺寸】框中输入
"=",然后单击右下角的尺寸"100",单击【确定】 ✓ 完成编辑,生成如
图3-54所示的方程式。在任意空白区域单击右键,选择【尺寸显示】/【表达式】,
如图3-55所示。

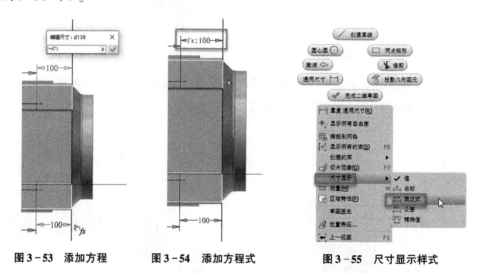

图3-53　添加方程　　**图3-54　添加方程式**　　**图3-55　尺寸显示样式**

按照上述添加方程式的方法,添加如图3-56所示的方程式,然后单击【完成
草图】退出草图编辑。

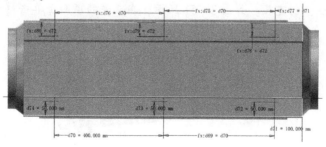

图3-56　添加其余方程式

　　单击【修改】面板上的【孔】命令，并按图 3-57 所示进行设置。

　　【孔】命令可以创建各种孔类型，通常创建孔时都使用此命令，而不是使用拉伸切除或旋转切除。特别是创建螺纹孔的时候，选择中国国家标准或其他标准做出来的孔是攻螺纹之前的工艺底孔，如果是使用手工切除的方法创建的孔，则需要自己测算底孔直径，效率低且容易出错。

　　保存后关闭此文件。

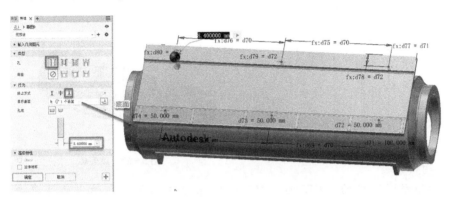

图 3-57　设置孔特征

3.2　创建扫掠、螺旋扫掠特征

　　扫掠是一个非常重要的特征，它允许一个截面轮廓沿着一条轨迹线进行扫掠，并且在扫掠过程中可以控制截面轮廓的方向，还可以添加无数条"引导线"来控制扫掠对象的外形。下面使用如图 3-58 所示的刮筒零件来展示如何创建扫掠特征。

图 3-58　刮筒零件

───────────── 操作步骤 ─────────────

　　步骤一：创建新零件并保存。使用 Inventor 标准零件模板新建一个 Inventor 零件，命名为 "GD850-A01" 并保存。

　　步骤二：创建旋转体。选择 "XY 平面" 作为草图绘制平面，绘制如图 3-59 所示的草图。绘制完成后，单击【三维模型】选项卡上的【旋转】命令，生成如

图 3 - 60 所示的旋转体。将【材料】设置为"锻铁",将【外观】设置为"青色"。

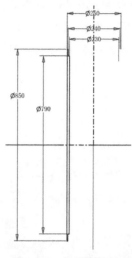

图 3 - 59   绘制草图

图 3 - 60   旋转体

在模型浏览器中的"GD850 - A01. ipt"上单击右键,在弹出的菜单中选择【iProperty】,如图 3 - 61 所示。在弹出的属性对话框中可以查看零件的多个属性,如图 3 - 62 所示。

图 3 - 61   【iProperty】命令

图 3 - 62   属性对话框

切换到【项目】选项卡,如图 3 - 63 所示,在【描述】中输入"刮筒"。切换到【物理特性】选项卡,如图 3 - 64 所示,在其中也可以选择零件的材料,同时可以查看它的质量、面积、体积等物理属性。如果质量、面积、体积属性为空,可单击【更新】按钮。

关闭属性对话框。

图 3-63　【项目】选项卡　　　　　　　图 3-64　【物理特性】选项卡

步骤三：创建螺旋扫掠。如图 3-65 所示，在一端的端面上单击【创建草图】，然后在端面圆的底部创建如图 3-66 所示的轮廓。使用【投影几何图元】将外圆边线投影过来，绘制完成后退出草图绘制。

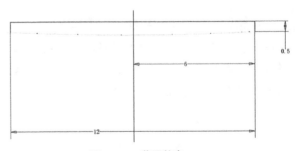

图 3-65　创建草图　　　　　　　　　图 3-66　草图轮廓

选择图 3-67 所示的【截面轮廓】，在模型浏览器中选择"Y 轴"作为【旋转轴】，并选择【求差】来去除材料。

切换到【螺旋规格】选项卡，在【类型】下拉菜单中选择【螺距和转数】，在【旋转】转数中输入 "1.000ul"（1 圈），如图 3-68 所示。切换到【螺旋端部】选项，保留默认的【自然】终止位置，如图 3-69 所示。单击【确定】完成扫掠，扫掠结果如图 3-70 所示。

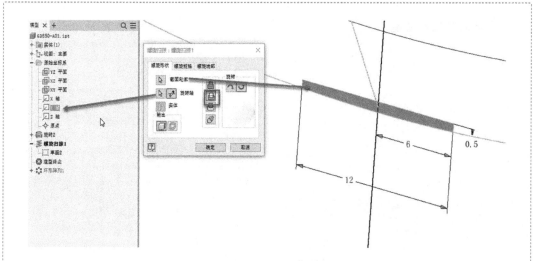

图 3-67　螺旋扫掠设置

图 3-68　螺旋规格设置

图 3-69　螺旋端部设置

图 3-70　螺旋扫掠结果

　　步骤四：创建环形阵列。在【三维模型】选项卡下的【阵列】面板上单击【环形阵列】命令，选择上一步创建的扫掠特征为阵列特征，选择"Y 轴"为旋转轴，在数量中输入"3ul"（3 个），如图 3-71 所示，单击【确定】。最终结果如图 3-72所示。保存并关闭此文件。

图 3-71　环形阵列设置

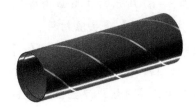

图 3-72　最终结果

视频二维码

3.3 创建放样特征

放样特征可以使用多个截面轮廓和多条轨道线来生成实体或曲面。经常有人喜欢将放样特征与扫掠特征相比较，因为二者有时候可以达到同样的效果。但是扫掠只能有一个截面轮廓，所以扫掠生成的模型其截面是一个无限逼近的近似值，而放样可以选择无数个截面轮廓，所以当要精确控制截面的面积或管的流量时，应优先选择放样特征。

打开随书配套文件中的"放样特征"零件，如图 3-73 所示。

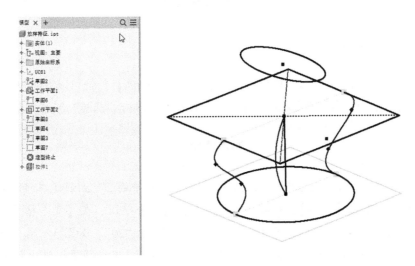

图 3-73 "放样特征"零件

单击【创建】面板上的【放样】命令，选择图 3-74 所示的三个轮廓，单击【确定】生成放样零件。按 < Ctrl + Z > 键退回到未创建放样特征的模型中。

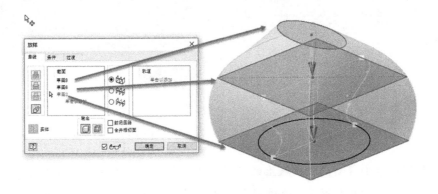

图 3-74 多轮廓放样

再次单击【放样】命令，如图 3-75 所示，分别选择两个截面轮廓和两条轨道线来控制放样的形状，单击【确定】完成放样，保存并关闭文件。

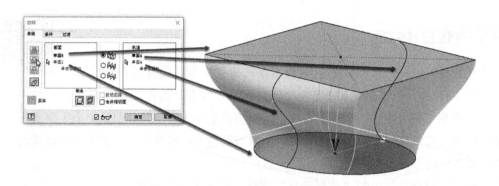

图 3 - 75　轨道控制放样

3.4　创建凸雕特征

在实际工作中经常需要在零件的外表面刻字，使用【凸雕】特征可以方便地在零件外表面进行凸起（凸雕）或下沉（凹雕）操作，也可在平面上进行"凸雕"或"凹雕"操作。

操作步骤

步骤一：打开零件"GD850 - 001. ipt"，在"工作平面2"上创建二维草图。在【创建】面板上单击【文本】，然后在绘图区域框选一个范围。在【文本格式】对话框中输入"Autodesk"，并设置字体为"宋体"，字高为"20"，如图3 - 76所示。单击【确定】完成文本输入，结果如图3 - 77所示。单击【完成草图】退出草图。

图 3 - 76　输入文本

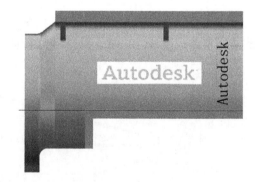

图 3 - 77　Autodesk 文本

步骤二：单击【创建】面板上的【凸雕】，选择刚才创建的文本草图作为截面轮廓，使用第一种凸雕模式，选择图3 - 78所示的曲面，注意方向是朝向曲面而不是背离曲面，尝试使用默认的1mm深度，单击【确定】完成特征，结果如图3 - 79所示。

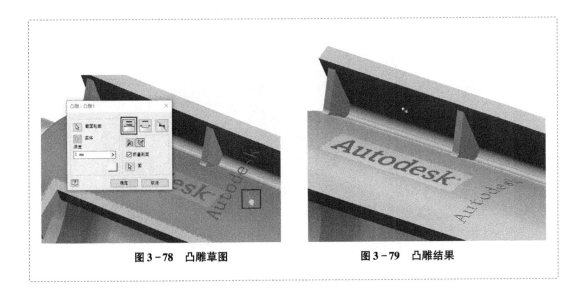

图 3-78 凸雕草图   图 3-79 凸雕结果

3.5 创建抽壳特征

很多薄壁零件，特别是塑料零件，都是通过"抽壳"来实现的。通过【抽壳】命令，可以方便地将一个实体零件掏空为等壁厚或非等壁厚的薄壁件，而且可以设置是否将某个面移除。

打开配套文件中的"抽壳特征"零件，在【修改】面板上单击【抽壳】，如图 3-80 所示，未选择任何对象时，模型中已经预览显示了抽壳。

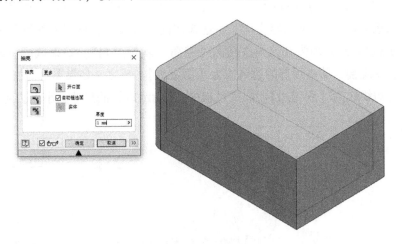

图 3-80 抽壳预览

在【开口面】中选择零件顶面，如图 3-81 所示，展开右下角的双箭头 》，在【特殊面厚度】中选择前端外表面，并输入厚度 5mm，单击【确定】完成抽壳。在抽壳时，可以控制厚度为朝外、朝内或者双向。保存并关闭此文件。

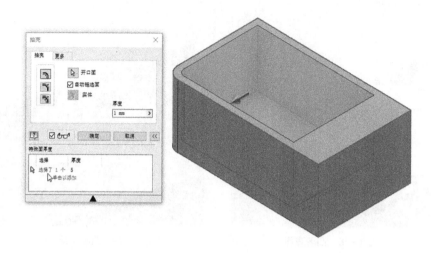

图 3 - 81　抽壳设置

3.6　创建拔模特征

为了使塑料件能够顺利"脱模",需要对其添加合理的拔模角,否则在模具生产的时候,零件会很难从模具中取出来,或者造成表面"拉花"严重,使产品报废。有时因产品设计的需要,也需要给零件添加拔模角。

拔模特征有三种拔模方式,分别为固定边、固定平面和分模线。打开随书配套文件"拔模特征"。单击【修改】面板上的【拔模】命令,如图 3 - 82 所示,选择中间的工作平面作为【拔模方向】,方向为竖直向上,选择侧面为拔模面,此时系统默认将顶部的边线作为【固定边】。这是因为在选择拔模面时遵循"就近原则",如果鼠标左键单击的位置靠近顶部,系统会自动将顶部的边线作为【固定边】;反之,如果单击的位置靠近底部,系统会将底部边线作为【固定边】。拔模过程中,【固定边】的尺寸大小不会变化。

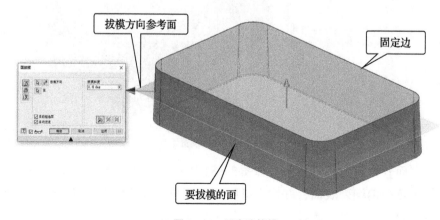

图 3 - 82　固定边拔模

将拔模方式切换为【固定平面】模式，拔模斜度设置为 10°，其他条件不变，如图 3-83 所示，此时模型顶部尺寸变小，底部尺寸变大，【固定平面】位置的尺寸大小保持不变。

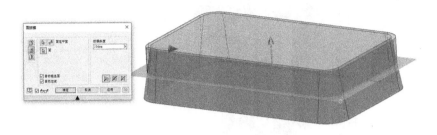

图 3-83　固定平面拔模

将拔模方式切换为【分模线】模式，如图 3-84 所示，【拔模方向】和【分型工具】都选择中间的工作平面，拔模面选择侧面，可以看到顶部和底部的尺寸都变小了。【分模线】拔模方式主要是针对模具设计用户，与使用【最大投影轮廓线】和【分型线】一样，可帮助产品在模具打开后能够顺利脱模。单击【确定】完成拔模，保存并关闭此文件。

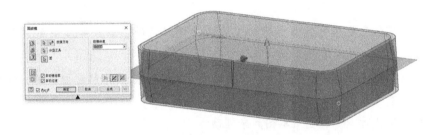

图 3-84　分模线拔模

3.7　创建螺纹特征

螺纹是设计过程中不可避免的一个重要特征，多数 3D 软件不会真实地将牙型画出来，而是采用贴图的方式，但这种方式并不影响螺纹在工程图中的正确显示。

打开随书配套文件"螺纹特征"，单击【修改】面板上的【螺纹】命令。

如图 3-85 所示，在"螺纹"特性面板中，选择旋转体的外表面作为螺纹面，此时会显示螺纹延伸的方向，这里同样遵循"就近原则"，即如果单击的位置靠近底部，那么螺纹延伸方向为从底向上；反之，如果单击的位置靠近顶部，那么螺纹延伸的方向为从顶部向下。在特性面板中可以选择螺纹类型，尺寸值会自动选择与所选面的直径接近的数值。在【方向】中可以选择螺纹是【左旋】还是【右旋】。在【行为】选项下，可以设置螺纹的深度，即螺纹的长度，还可以设置螺纹是否从起始位置偏移一个数值开始延伸。在【高级特性】中可以选择是否显示模型中的螺纹。单击【确定】生成螺纹特征。这里的螺纹并不具有真正意义上的牙型，只是以贴图的形式直观地表达螺纹，但是在工程图中它会正确地显示外螺纹信息，如图3-86所示。保存并关闭此文件。

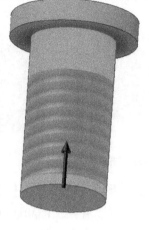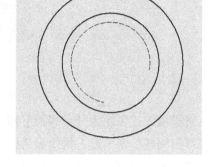

图3-85　螺纹特征　　　　　　　　　　图3-86　螺纹特征工程图

<table>
<tr><td rowspan="6">重
要
提
醒</td><td>

- 建模顺序要尽可能与实际加工流程一致，同时也要兼顾装配关系和可系列化性。
- 扫掠建模时，先绘制轨道线，再绘制引导线，最后绘制截面轮廓，注意添加约束关系。
- 创建孔时，一定要用草图点来辅助。
- 阵列孔时，先绘制一个孔，然后阵列这个孔，不要在草图中阵列草图来创建孔。
- 倒角尽可能在其他特征创建完成后添加，并尽可能在模型最后添加。
- 用好衍生功能，在创建左右对称的零件时，尽可能使用衍生功能创建。

</td></tr>
</table>

第4章 装配体建模

Chapter Four

/学习目标/

1）了解装配体配合关系。

2）掌握自下而上/自上而下的设计方法。

3）掌握在装配体中添加新零件的方法。

　　装配体建模过程中，除了按一定的配合关系将零件装配成部件外，还可以进行关联设计，这样可以提升设计效率，即使要进行设计变更，也可以通过修改"父零件"来让"子零件"自动更新。

　　Inventor 独有的设计工具可以帮助用户快速生成结构件、轴、齿轮、轴承、凸轮等，其强大的资源中心库可让用户在设计过程中方便地调用各种标准件。

4.1　自下而上的装配体设计

　　自下而上的设计方法是最常用的设计方法。单独绘制好每个零件，然后在装配体中将绘制好的零件进行装配，这样的方法称为自下而上的设计。零件与零件、零件与部件之间只有配合关系，没有参考等关联关系。

　　自下而上的装配体设计方法的优点如下：

　　1）思路简单。由于零部件单独设计，彼此之间没有相互关联，所以不易出错，如果出现错误也容易判断和修改。

　　2）对设计者要求低，任务清晰，初学者也能轻松完成设计任务。

　　3）对硬件要求低。零部件之间没有关联和参考，修改时只是针对单个零件，所以运算量小，对硬件和显卡的要求相对较低。

　　自下而上的装配体设计方法的缺点如下：

　　1）不符合设计者的思路。设计者往往先考虑整体形状和特点，因此不适合进行新产品研发。

　　2）局限性强。设计修改局限于单个零件，不能总览全局进行设计和修改。修改单个零部件后，相关零部件不能自动更新。

4.1.1 添加已有零部件

在装配体中添加的第一个零件（部件）都是比较重要的，其用来作为装配体的基体，其他的零部件都是参考基体零件（部件）来装配或设计的。

在 Inventor 中零件和装配是两种不同的环境。有三种方法可以新建装配环境。

方法一：如图 4 - 1 所示，直接在主页中选择【部件】，即可进入装配环境。

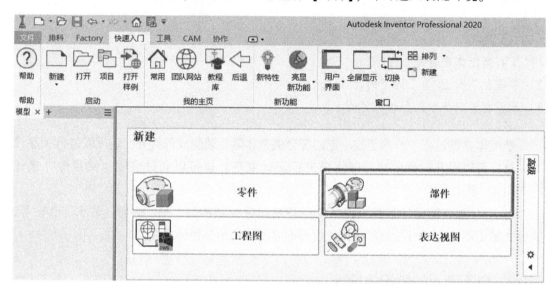

图 4 - 1　方法一

方法二：如果此时软件在零件环境中，需要在快速访问工具栏中打开【新建】的下拉菜单，选择【部件】，如图 4 - 2 所示，即可新建装配环境。

图 4 - 2　方法二

方法三：在软件主页界面中，单击【快速入门】选项卡【启动】面板中的【新建】命令，在弹出的【新建文件】对话框中选择【部件】下的模板，如图 4 - 3 所示。

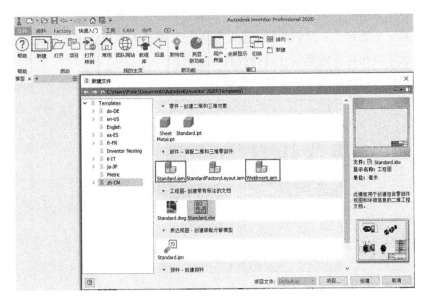

图 4-3　方法三

　　/注意/　方法一和方法二无法进入焊接环境。

　　进入【装配】环境后，单击【零部件】面板上的【放置】工具，会弹出【装入零部件】对话框，设计者可以选择需要装配的零部件，如图 4-4 所示。选择完毕以后单击【打开】，选中的零部件会添加到当前部件环境中来。可以通过切换不同的【文件类型】来放置多种格式的文件。

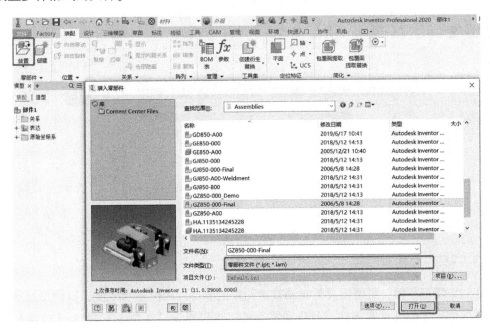

图 4-4　插入零部件

装入第一个零部件后单击右键，选择【在原点处固定放置】，如图4-5所示。也就是说此零部件被完全固定，并且它的原点及坐标轴与零部件的原点及坐标轴完全重合。这样后续零部件就可以相对于该零部件进行放置和约束。

后续零部件按照同样的方法直接放置即可。

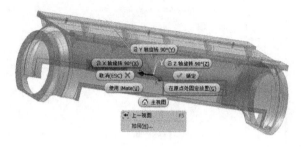

图4-5 放置第一个零部件

4.1.2 添加标准件

除了结构件之外，也可以在装配环境中添加标准件。打开【零部件】面板上的【放置】工具的下拉菜单，选择【从资源中心装入】，如图4-6a所示，即可在弹出的【从资源中心放置】对话框中搜索或者寻找合适的标准件。例如在搜索栏中输入"5783"，然后选择"螺栓 GB/T 5783-2000"，在弹出的对话框中设置螺纹描述为 M12，公称长度为"30"，如图4-6b所示，再单击【确定】，即可得到"螺栓 GB/T 5783-2000 M12×30:1"的标准件，其中"：1"为此型号螺栓的数量。

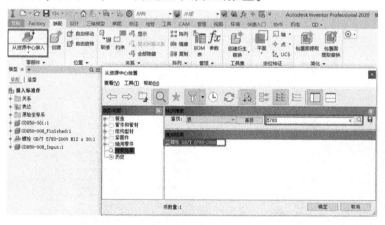
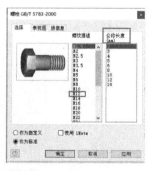

a)   b)

图4-6 添加标准件

4.1.3 移动/旋转零部件

在约束零部件时，可能需要暂时调整被约束的零部件的位置和角度，以便更好地查看其他零部件或定位其他零部件。要移动零部件，可以单击【装配】选项卡【位置】面板上的【自由移动】工具，然后将光标放到要移动的对象上，按下鼠标左键拖动即可。

要旋转零部件，可以选择【装配】选项卡【位置】面板上的【自由旋转】工具。在要旋转的零部件上单击左键，会出现三维旋转符号，如图 4-7 所示。

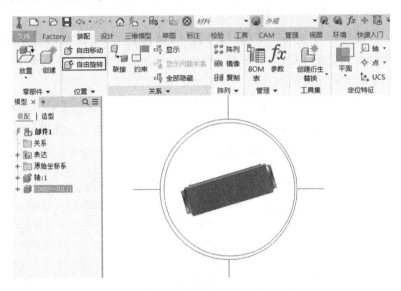

图 4-7　【自由旋转】工具

4.1.4　替换零部件

在设计过程中，可能需要根据设计需求替换部件中的某个零部件。可以单击【装配】选项卡中【零部件】面板上的【替换】工具，在工作区域内选择要替换的零部件，然后单击右键，选择【继续】，弹出【装入零部件】对话框，用户可以在其中选择用来替换原来零部件的新零部件。例如，可将"GD850-008_Finished"替换为"GD850-008_Input"，如图 4-8 所示。

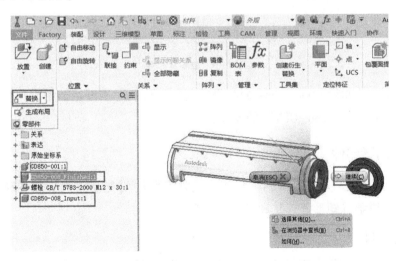

图 4-8　替换零部件

4.1.5　复制零部件

在装配环境中复制零部件有两种方法。

方法一：右键单击要复制的零部件，选择【复制】，然后在空白处单击右键，选择【粘贴】，或者使用快捷键＜Ctrl＋C＞和＜Ctrl＋V＞。此方法复制的零部件在左侧浏览器中是以数量递增的方式命名的。

方法二：单击【装配】选项卡中【阵列】面板上的【复制】工具，选择要复制的零部件，单击【下一步】，如图 4 - 9 所示，给新复制的零部件命名，并单击【确定】。此方法复制的零部件默认有"_CPY"的后缀。

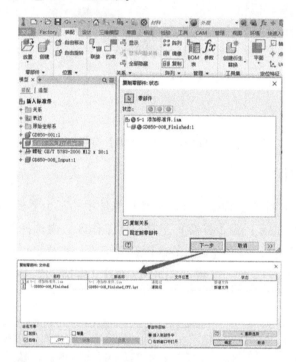

图 4 - 9　复制零部件

例如，对"GD850 - 008_Finished"进行复制，可从左侧浏览器中看到多出了一个名为"GD850 - 008_Finished_CPY"的零件。

4.1.6　阵列零部件

在 Inventor 装配环境中，阵列可分为【关联阵列】、【矩形阵列】和【环形阵列】三种。本节主要讲解【矩形阵列】和【环形阵列】。

1. 矩形阵列

单击【装配】选项卡中【阵列】面板上的【阵列】工具，选择要阵列的零部件，切换到【矩形阵列】，如图 4 - 10 所示，指定【列】方向后，输入阵列个数和阵列距离，然后再指定【行】方向，输入阵列个数和阵列距离。

2. 环形阵列

单击【装配】选项卡中【阵列】面板上的【阵列】工具，选择要阵列的零部件，切换到【环形阵列】，如图 4 – 11 所示，指定"环"的中心轴，再输入阵列个数和阵列角度。

图 4 – 10　矩形阵列　　　　　　　图 4 – 11　环形阵列

4.1.7　镜像零部件

单击【装配】选项卡中【阵列】面板上的【镜像】工具，分别选择镜像零部件和镜像平面（可选择新创建的镜像平面，也可选择坐标平面），如图 4 – 12 所示，然后单击【下一步】，给镜像零部件重新命名，并单击【确定】。镜像零部件的默认后缀为"_MIR"。

视频二维码

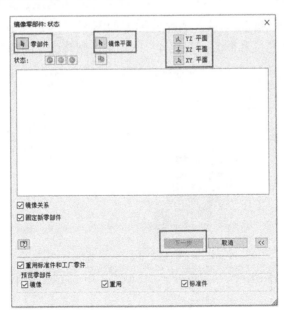

图 4 – 12　镜像零部件

4.1.8 干涉检查

在部件中，如果两个零部件同时占据了相同的空间，则零部件会发生干涉。在 Inventor 中可以通过【干涉检查】工具来检查两组零部件之间或者一组零部件内部的干涉部分。单击【检验】选项卡中【干涉】面板上的【干涉检查】工具，如图 4-13 所示，选择需要检测的零部件，单击【确定】。干涉部分会暂时以红色实体显示，以便于观察。同时还会给出干涉报告，列出干涉的零部件，并显示干涉部分体积等干涉信息。

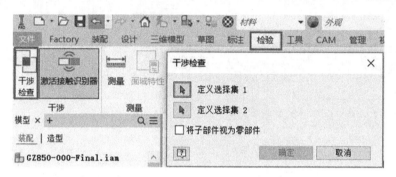

图 4-13 干涉检查

4.1.9 爆炸视图

在 Inventor 中表达视图是指可为部件文件创建用于展示装配顺序或零部件关系的动画和分解视图，也叫爆炸视图。表达视图是一个单独的环境，创建方法与 4.1.1 节中创建装配环境的三种方法类似。进入表达视图环境，单击【表达视图】选项卡中【零部件】面板上的【调整零部件位置】工具，选择要拆解的零部件，通过移动的距离和方向（见图 4-14）或者旋转的角度和圈数（见图 4-15）来控制装配体的拆解过程。

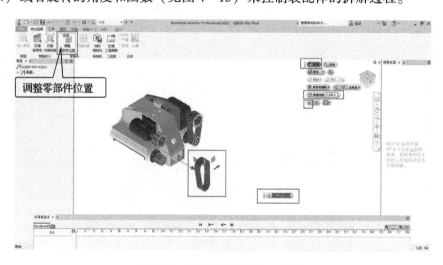

图 4-14 调整零部件位置——移动

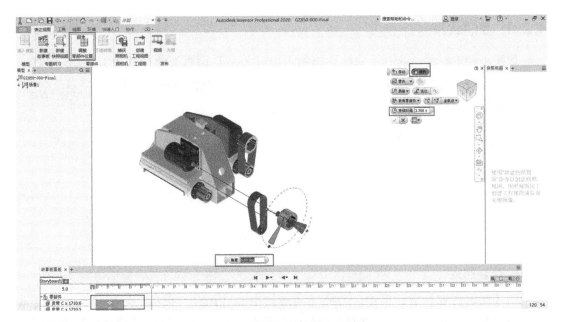

图 4 – 15　调整零部件位置——旋转

从图 4 – 14 和图 4 – 15 可以看出，不管是【移动】还是【旋转】，都可以任意调节零部件拆解过程中的距离和所用时间。俗话说"时间不可倒流"，但是在 Inventor 表达视图中，设计者可以通过下方【故事板面板】的时间轴，来调整零部件安装、拆解过程的先后顺序，如图 4 – 16 所示。设计者可以通过调整故事板中时间轴的长度（即动作所用时长）、前后顺序（即动作发生的先后顺序）来控制装配体的爆炸动作和时间。

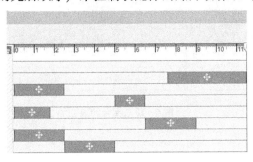

图 4 – 16　故事板面板

4.2　约束关系

在部件环境中装入或者创建零部件后，可以通过使用适当的约束或删除零部件的自由度，来限制零部件移动的方式，建立部件中零件的方向并模拟零件之间的机械关系（也叫约束关系）。Inventor 中常见的约束关系有部件约束、运动约束、过度约束、约束集合等。

4.2.1 部件约束

如图 4-17 所示，单击【装配】选项卡中【关系】面板上的【约束】命令，即可打开【放置约束】对话框。部件约束分为配合、角度、相切、插入和对称五种类型。

视频二维码

图 4-17 【约束】命令

1. 配合约束

在【放置约束】对话框中，选择【类型】中的【配合】图标，然后依次单击【选择】中的两个红色箭头，分别选择配合的两个平面、曲面、边或点。【偏移量】选项用来指定零部件之间相互偏移的距离。在【求解方法】选项中，可以选择配合的方式，即配合或者表面齐平。最后单击【确定】即可完成配合约束，如图 4-18 所示。

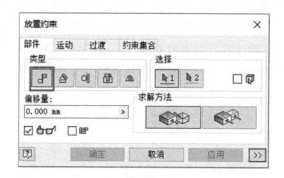

图 4-18 配合约束

2. 角度约束

角度约束可以使零部件上平面或者边线按照一定的角度放置，该约束可删除平面之间的一个旋转自由付或者两个角度旋转自由度。【放置约束】对话框中的角度约束如图 4-19 所示。

可看出角度约束是通过给定平面之间或者平面与边线之间的角度来删除自由度的。

3. 相切约束

相切约束用于定位面、平面、圆柱面、球面、圆锥面和规则的样条曲线在相切点处相切，相切约束有内切和外切两种，如图 4-20 所示。

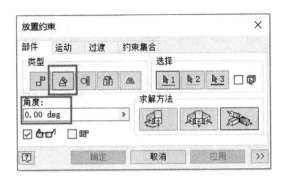

图 4 - 19　角度约束

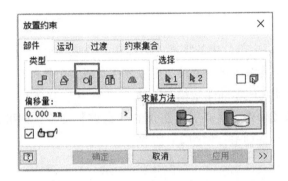

图 4 - 20　相切约束

4. 插入约束

插入约束是平面之间的面对面配合约束和两个零部件的轴之间的配合约束的组合。它将配合约束放置于所选面之间，同时将圆柱体沿轴向同轴放置。求解方法分为反向和对齐两种，如图 4 - 21 所示。

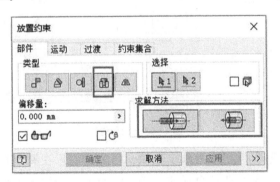

图 4 - 21　插入约束

5. 对称约束

对称约束的求解方法有反向和对齐两种，如图 4 - 22 所示。

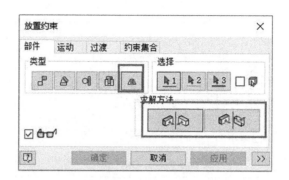

图 4 - 22　对称约束

4.2.2　运动约束

在 Inventor 中还可以向部件中的零部件添加运动约束,运动约束用于驱动齿轮、传动带轮、齿条与齿轮以及其他设备的运动。可以在两个或多个零部件之间应用运动约束,驱动其中一个零部件可使其他零部件做相应运动。

单击【装配】选项卡中【关系】面板上的【约束】命令,即可打开【放置约束】对话框,切换至【运动】选项卡,如图 4 - 23 所示。

图 4 - 23　运动约束

运动约束指定了零部件之间的预定运动,因为它们只在剩余自由度上运转,所以不会与位置约束冲突,也不会调整自适应零件的大小或移动固定零部件。这里的运动约束分转动和转动 - 平动两种类型。需要注意的是,运动约束不会保持零部件之间的位置关系,所以在应用运动约束之前需先完全约束零部件,然后可以抑制要驱动的零部件的运动约束。

4.2.3　过渡约束

过渡约束指定了零部件之间的一系列相邻面之间的预定关系。要为零部件添加过渡约束，可以单击【装配】选项卡中【关系】面板上的【约束】命令，在打开的【放置约束】对话框中选择【过渡】选项卡，如图 4-24 所示。

图 4-24　过渡约束

过渡约束需分别选择要约束在一起的两个零部件的表面，第一次选择移动面，第二次选择过渡面，然后再单击【确定】即可。

4.2.4　编辑约束

当装配约束不符合实际的设计要求时，在 Inventor 中可以快速地修改装配体间的约束关系。首先在左侧浏览器中选择需要修改的装配约束，然后单击右键，在弹出的菜单中选择【编辑】，即可打开【编辑约束】对话框，如图 4-25 所示。

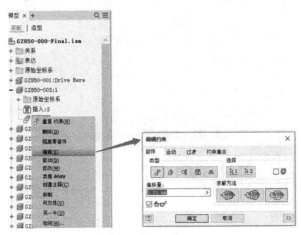

图 4-25　编辑约束

设计者可以通过重新定义装配约束来修改当前的约束。

4.2.5 实例：刮平机驱动轴部件

将刮平机装配完成后，可驱动轴部件，验证设计的可行性。如图 4 - 26 所示，打开装配体 "GJ850 - 000 - Final"，在左侧浏览器中找到零件 "GJ850 - 007：Drive To Rotate"，右键单击 "角度：2（0.00deg）"，选择【驱动】，弹出【驱动（角度：2）】对话框，将结束角度设置为 "360"，播放此驱动，如图 4 - 27 所示，刮平机的轴部件会跟随转动。

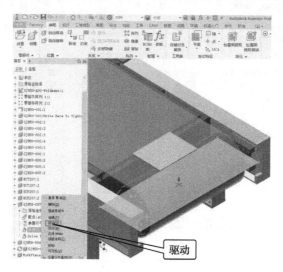

图 4 - 26　角度驱动

图 4 - 27　设置驱动角度

4.3 自上而下的装配体设计

视频二维码

自上而下的装配体设计属于 Inventor 的高级设计方法，基本思路和设计思路一致。设计流程为：原理设计→整体布局设计→装配设计→出工程图→生产。

自上而下的装配体设计方法的优点如下：

1）符合产品开发流程。从设计流程可以看出其思路与产品研发流程基本吻合，符合设计者的设计习惯，可完全融合到产品开发中去。

2）全局性强。总图修改后，设计变更能自动传递到相关零部件，从而保证设计一致。

3）效率高，一处修改全局变化。在系列零部件设计中效率更高，参数修改后零部件会自动更新，所有工程图也会自动更新，一套新的产品数据自动生成，可以瞬间实现原来很长时间的工作量。

自上而下的装配体设计方法的缺点如下：

1）复杂，很难找到相关学习教程。

2）对设计者要求高。由于各个零部件关联参考，因此要求设计者能够熟练操作软件，熟悉产品设计的流程和变化特点。如果一开始布局不合理，后期修改量会很大。

3）对硬件要求高。关联设计带来大量的计算，总图更新会导致相关零部件自动更新，对计算机的硬件有较高的要求。

自下而上的设计方法是传统的设计方法，在这种方法中，已有的零部件特征将决定最终的装配体特征，这样会使设计者往往不能对总体设计特征有很强的把握力度。因此，自上而下的设计方法应运而生。在这种设计思路下，设计者首先从总体的装配组件入手，根据总体装配的需要，在位创建零件，同时创建的新零件与其母体部件可自动添加系统认为最合适的装配约束，当然用户可以选择是否保留这些自动添加的约束，也可以手工添加所需的约束。所以，在自上而下的设计过程中，最后完成的零件是最下一级的零件。

其实在设计中，往往会结合使用自上而下和自下而上两种设计方法。结合二者的优点，使零部件在设计过程中更符合实际情况，有助于提高设计效率。

4.3.1 驱动草图 （骨架草图）

上一节提到自上而下的设计方法是从部件到零件的一种设计思路，可借助 Inventor 中的草图提前将核心零部件的装配位置、尺寸等要求创建在一个布局零部件中。

如图 4-28 所示，上图为刮平机的骨架草图，草图中给定了左右刮轮架的位置尺寸和刮平机的中心位置，下图为在设计过程中根据骨架草图的设定，创建出的合适零部件。通过改变草图中的装配基准，装配关系会随之变化，很大程度上降低了工作量。

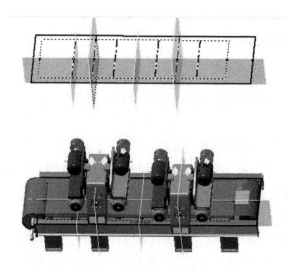

图 4 – 28　草图驱动

4.3.2　在装配体中创建新零部件

在装配过程中，经常需要在现有装配体中创建新的零件或部件。在 Inventor 中可选择要创建草图的平面和设置零部件的名称。在位创建的零部件是保存在自己文件中的普通零部件。可以从现有零部件中投影边以在位创建零部件。

在装配环境中，单击【装配】选项卡中【零部件】面板上的【创建】命令，弹出【创建在位零部件】对话框，如图 4 – 29 所示，在其中可以设置新零部件名称、模板格式和新文件位置等信息。

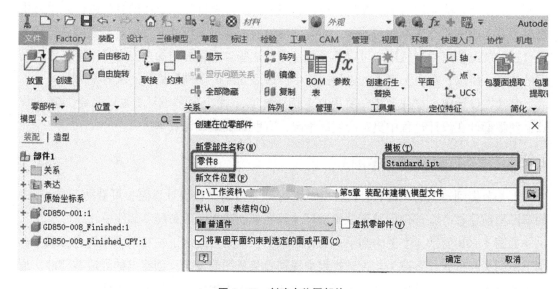

图 4 – 29　创建在位零部件

单击【确定】后，选择创建草图的平面，此时软件进入零部件建模环境，如图 4 - 30 所示，零部件环境中已有的零部件均变为半透明。

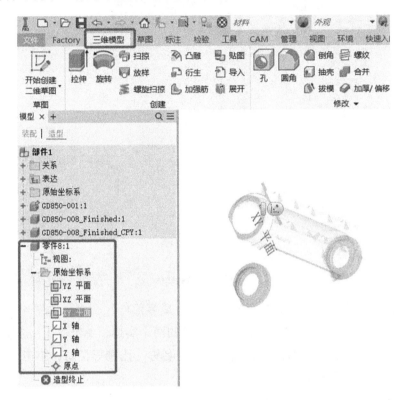

图 4 - 30　零部件变为半透明

4.3.3　多实体建模

对于使用过 Inventor 零部件多实体的用户来说，应该已经深刻地理解到多实体作为自上而下设计的利器的魅力所在。用户可以在一个零部件中创建多个实体，然后使用生成零部件的功能生成装配。主要的建模工作在多实体零部件中完成，而接下来细节修改的建模工作可以在生成的单一零部件或者装配中完成。

多实体建模的优点是零部件间的位置关系和参考关系可以通过零部件建模很方便地完成，而不需要在装配中基于跨零部件投影、位置装配等来创建零部件。同时，多实体的更新可以关联到生成的装配，而且这种关联关系非常牢固，不用担心关联出错或不稳定。并且在生成零部件或装配中的建模不会影响到多实体本身，这样既保证了生成的零部件继承多实体的模型信息，又保证了生成的零部件接下来可以继续建模以允许其多样性。

进入零部件环境，在已有实体的情况下，打开【三维建模】选项卡【创建】面板上相应的特征工具，重新创建特征。如图 4 - 31 所示，单击【新建实体】 图标，可发现左侧浏览器中的"实体（1）"变为"实体（2）"，打开零件"GZ850 - 001"，编辑特征"拉伸 4"，完成此零件后，可发现此零件是由两个实体构成的一个零件。

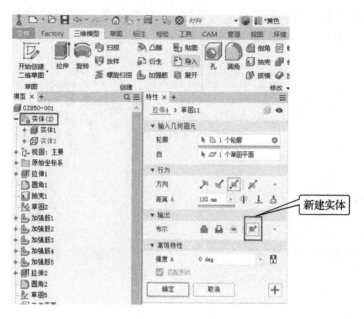

图 4 - 31   新建实体

单击【管理】选项卡【布局】面板上的【生成零部件】命令，如图 4 - 32 所示，弹出【生成零部件：选择】对话框，选择刚才新建的两个实体，单击【下一步】，弹出【生成零部件：实体】对话框，编辑新生成零部件的名称、比例等信息，单击【应用】即可得到由多实体生成的新零部件。

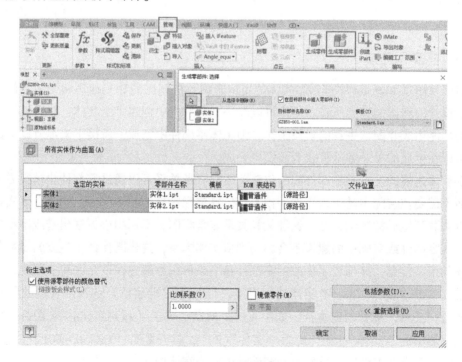

图 4 - 32   生成零部件

4.4　衍生零部件

在 Inventor 中，设计者可以使用衍生零部件来检测替换设计和加工过程，例如在部件中，可以去除一组零件或将零件合并，来创建具有所需形状的单一零件；可以从一个仅包含定位特征和草图几何图元的零件衍生得到一个或多个零件；当为部件设计框架时，可以在部件中使用衍生零件作为一个布局，然后再编辑原始零件，并更新衍生零件，这时软件会自动将所做的更改反映到布局中；可以从实体中衍生一个曲面作为布局，或用来定义部件中零件的包容要求；也可以从零件中衍生参数并用于新的零件等。

衍生零部件的优点是原零部件与衍生生成的零部件之间存在关联，如果对原零部件进行修改，衍生的零部件也会随之变化。当然也可以断开二者之间的关联，那么这时原零部件和衍生零部件就成为独立的个体，衍生零部件（部件中的零件）成了一个常规特征，对它的修改只保存在当前文件中。由于衍生零部件是单一的实体，因此可以用任意零件特征来对其进行自定义，并可以添加特征。在创建焊接件以及对衍生零部件中包含的一个或者多个零部件进行打孔或切割时使用此工作流程比较方便。

4.4.1　衍生零件

可以用 Inventor 零件作为基础零件创建新的衍生零件，零件中的实体特征、可见草图、定位特征、曲面、参数和 iMate 都可以合并到衍生零件中。在创建衍生零件的过程中，可以将衍生零件相对于原始零件按比例放大或缩小，或者用基础零件的任意基准工作平面进行镜像。衍生几何图元的位置和方向与基础零件完全相同。

1. 创建衍生零件

将已有零件作为基础零件创建衍生零件，可单击【管理】选项卡中【插入】面板上的【衍生】命令，或者单击【三维模型】选项卡中【创建】面板上的【衍生】命令，打开【打开】对话框。在【打开】对话框中，浏览并选择要作为基础零件的文件（.ipt 格式），然后单击【打开】，弹出【衍生零件】对话框，如图 4-33 所示，本示例中选择的基础零件为"GD850-001"。

2. 编辑衍生零件

当创建衍生零件后，左侧浏览器会出现对应的图标，在该图标上单击右键，从弹出的快捷菜单中选择【编辑衍生零件】，如图 4-34 所示。可在快捷菜单中选择【抑制与基础零部件的链接】和【断开与基础零部件的关联】。

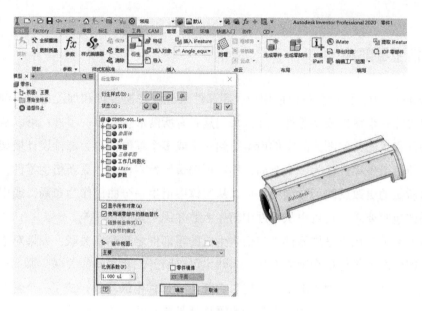

图 4-33 创建衍生零件

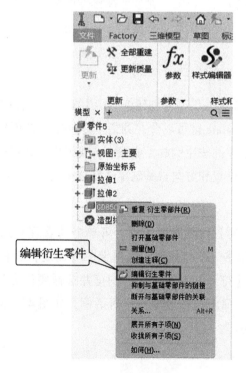

编辑衍生零件

图 4-34 编辑衍生零件

3. 创建衍生零件的注意事项

● 可以选择根据原零件衍生生成实体或者工作曲面，以用于定义草图平面、工作几何图元和布尔特征（例如拉伸到曲面）。方法是在【衍生零件】对话框中将【实体】或者【实体作为工作平面】前面的符号变成"或者"。

- 如果选择要包含到衍生零件中的几何图元组（例如曲面），则以后添加到基础零件上的任意可见表面在更新时都会添加到衍生零件中。
- 将衍生零件放置到部件中后，单击标准工具栏上的【本地更新】命令可以只重新生成本地零件，单击【完全更新】命令将更新整个部件。

4.4.2　衍生部件

衍生部件是基于现有部件的新零件，可以将一个部件中的多个零件连接为一个实体，也可以从另一个零件中提取出一个零件。这类自上而下的装配造型更易于观察，并且可以避免出错和节省时间。衍生部件的组成部分源自部件文件，它可能包含零件、子部件和衍生零件。

单击【管理】选项卡中【插入】面板上的【衍生】命令，或者单击【三维模型】选项卡中【创建】面板上的【衍生】命令，打开【打开】对话框，浏览并选择要作为基础部件的文件（.iam 格式），然后单击【打开】。

此时工作区域内出现原部件的预览图形及其尺寸（如果包含尺寸），同时出现【衍生部件】对话框，如图 4 - 35 所示。

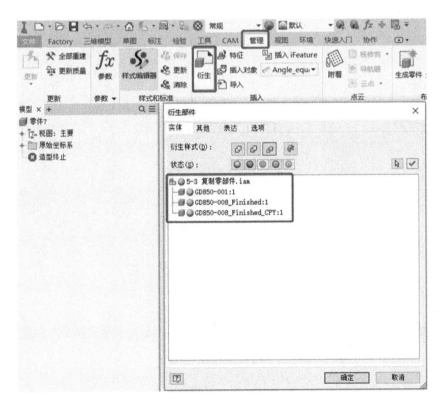

图 4 - 35　创建衍生部件

重要提醒

- 充分理解自上而下的设计方法非常重要。驱动草图并不是指一个草图，有可能是一组草图。
- 如果能够参考装配体的基准面和基准轴，就尽量不要参考其他零件，尽可能减少多个零件的参考引用关系。
- 如果能够使用阵列命令，就尽量不要使用镜像命令。
- 一定要充分理解项目文件、工作空间和搜索路径。
- 资源中心文件和资源中心库非常重要，其路径一定要设置好。一个公司应该使用一个统一的资源库，且此库应该保存在服务器上。

第5章　工程图绘制

Chapter Five

学习目标

1）掌握 Inventor 工程图及各类视图的创建方法。
2）掌握 Inventor 工程图的标注方法。

　　工程图是指导生产环节最重要的一环，不同的场合需要不同的工程图，如图 5-1 所示。工程图的质量和及时性都是至关重要的。在工程图制作过程中，快速创建用于不同用途的一系列工程图及尺寸标注，是提高工作效率的关键。

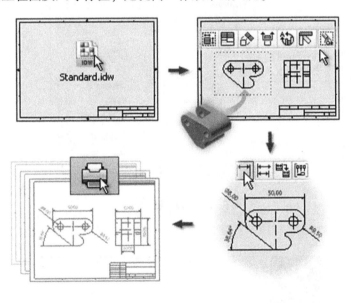

图 5-1　工程图样例

视频二维码

5.1　创建工程图

　　对于一款 CAD 设计软件来说，工程图的创建效率是非常重要的。对于 Inventor 用户来说，只有充分了解 Inventor 中各类视图的创建方法，才能快速、准确地输出满足工作需要的 2D 图。下面一起来了解一下在 Inventor 中创建各类工程图视图的方法。

操作步骤

步骤一：单击【新建】，如图5-2所示，进入【新建文件】对话框。

图5-2　新建工程图

步骤二：选择图5-3所示的工程图模板，单击【创建】，即可进入工程图环境，如图5-4所示。

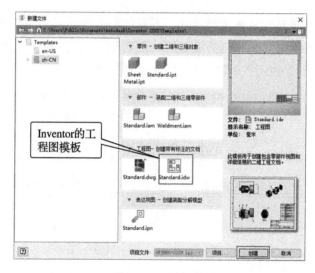

图5-3　选择模板

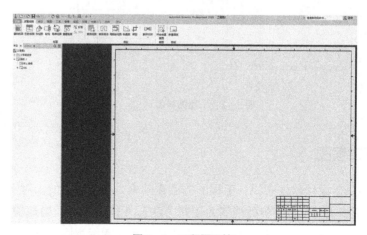

图5-4　工程图环境

5.1.1 创建基础视图

基础视图是创建的第一个视图, 后续视图都在此视图的基础上创建。基础视图可用来创建投影视图、斜视图、剖视图和局部视图等。

<hr>

操作步骤

步骤一: 如图 5 - 5 所示, 单击【基础视图】命令, 即可进入【工程视图】对话框。

图 5 - 5 【基础视图】命令

步骤二: 展开【文件】的下拉列表选择已打开文件或通过浏览来打开文件, 如图 5 - 6 所示。

图 5 - 6 选择文件

步骤三: 文件选择完成后, 模型在视图中出现, 可通过右上角的 ViewCube 进行视图方向及角度的设置, 如图 5 - 7 所示。可对工程图视图进行样式设置和比例设置,也可拖动模型的四个角点进行缩放操作。

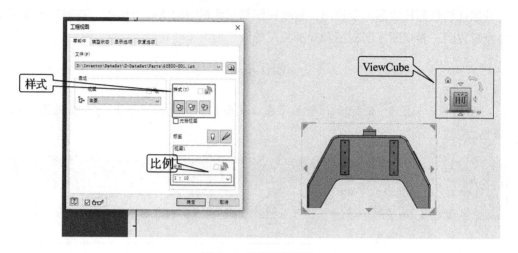

图 5-7　设置视图样式

步骤四：设置完成后，单击【确定】完成基础视图的创建，如图 5-8 所示。

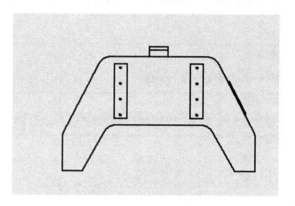

图 5-8　基础视图

5.1.2　创建投影视图

投影视图是从基础视图或任何其他现有视图生成的投影视图或等轴测视图。

------ **操作步骤** ------

步骤一：如图 5-9 所示，单击【投影视图】，然后选择需要进行投影的工程图视图。

图 5-9　【投影视图】命令

步骤二：移动光标到将要放置视图的位置，如图 5-10 所示，单击左键确定放置位置，然后单击右键，在弹出的菜单中选择【创建】，完成视图的放置。

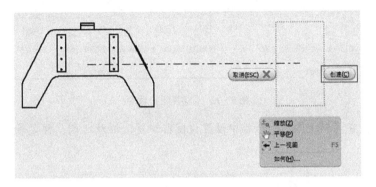

图 5-10　放置投影视图

步骤三：如果还需继续添加投影视图，可移动光标到需要放置视图的位置，然后单击该位置，进行视图的放置。一次可以放置多个投影视图。

步骤四：创建完成的投影视图如图 5-11 所示。

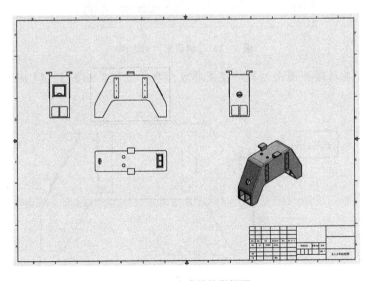

图 5-11　完成的投影视图

5.1.3　创建斜视图

斜视图是沿与选定的边或直线垂直的方向投影得到的视图，在表达模型的一些侧面特征时使用较多。

操作步骤

步骤一：在图5-12所示的【放置视图】选项卡中单击【斜视图】命令，然后选择需要进行投影的工程图视图。

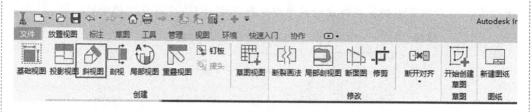

图5-12　【斜视图】命令

步骤二：在【斜视图】对话框中设置视图标识符、缩放比例、样式等，如图5-13所示。

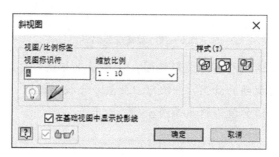

图5-13　【斜视图】对话框

步骤三：在所选视图上选择斜视图的方向参考边线，如图5-14所示。

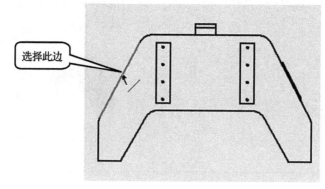

图5-14　选择参考边线

　　步骤四：移动光标到将要放置视图的位置，单击左键进行视图的放置，完成斜视图的创建，如图 5－15～图 5－17 所示。

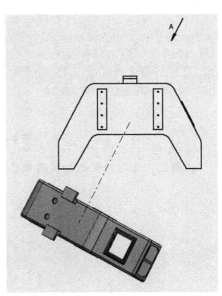

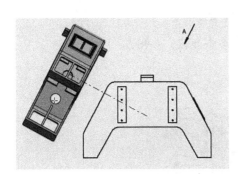

图 5－15　斜视图示例 1

图 5－16　斜视图示例 2

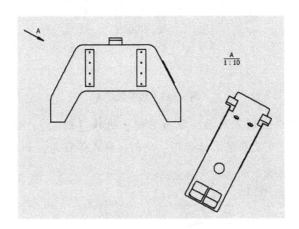

图 5－17　斜视图示例 3

5.1.4　创建剖视图

　　剖视图主要用于表达零部件内部的形状结构，它是假想用一个剖切面（平面或曲面）剖开零部件，将处在观察者和剖切面之间的部分移去，而将其余部分向投影面上投影。可以创建贯穿整个零部件的剖视图，也可以从剖切中排除一些零部件。

操作步骤

步骤一：如图 5–18 所示，单击【剖视】命令，然后选择需要进行剖切的工程图视图。

图 5–18　【剖视】命令

步骤二：进入绘制剖切线的状态，可绘制多条线段，如图 5–19 所示。

图 5–19　绘制剖切线

步骤三：剖切线绘制完成后，单击右键，选择【继续】，如图 5–20 所示。在【剖视图】对话框中可设置视图标识符、比例、样式等信息，如图 5–21 所示。

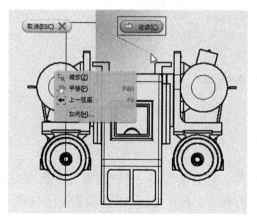

图 5–20　右键菜单

图 5–21　【剖视图】对话框

步骤四：移动光标到将要放置视图的位置，单击左键进行视图的放置，完成剖视图的创建，如图 5 - 22 和图 5 - 23 所示。

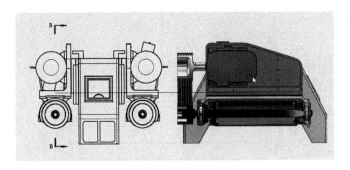

图 5 - 22　剖视图位置

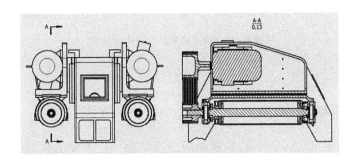

图 5 - 23　完成的剖视图

步骤五：要排除零部件，可在模型浏览器中找到当前剖视图，然后右键单击需要排除的零部件，选择【剖切参与件】／【无】，如图 5 - 24 和图 5 - 25 所示。

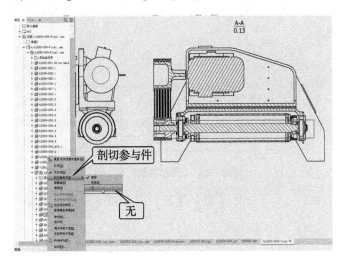

图 5 - 24　右键菜单

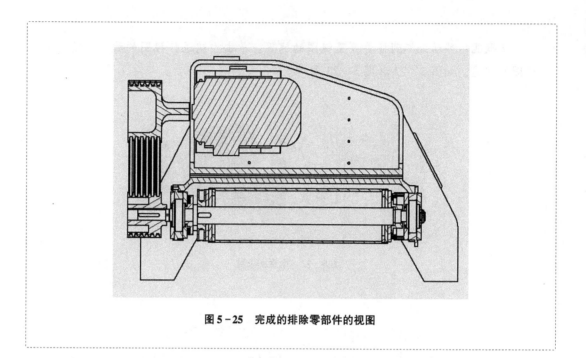

图 5 - 25　完成的排除零部件的视图

5.1.5　创建局部视图

局部视图是为了反应一些小的或复杂的局部结构，是工程图视图中某部分的放大视图。局部视图可提供更清晰、更准确的标注。

操作步骤

步骤一：如图 5 - 26 所示，单击【局部视图】命令，然后选择需要进行局部放大的工程图视图。

图 5 - 26　【局部视图】命令

步骤二：在图 5 - 27 所示的【局部视图】对话框中设置视图标识符、缩放比例、样式等信息。

步骤三：进入绘制局部放大轮廓的状态，进行轮廓的绘制，如图 5 - 28 所示。

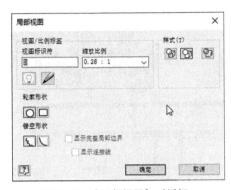

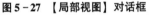

图 5 - 27　【局部视图】对话框

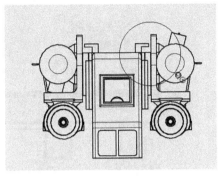

图 5 - 28　绘制局部视图轮廓

步骤四：移动光标到将要放置视图的位置，单击左键进行视图的放置，完成局部视图的创建，如图 5 - 29 和图 5 - 30 所示。

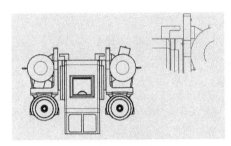

图 5 - 29　局部视图位置

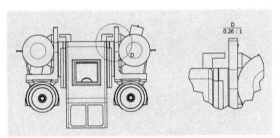

图 5 - 30　完成的局部视图

5.1.6　创建重叠视图

重叠视图是从多个位置表达创建的单个视图，重叠视图可从各个位置显示部件。

操作步骤

步骤一：如图 5 - 31 所示，单击【重叠视图】命令，然后选择图 5 - 32 所示的视图。

图 5 - 31　【重叠视图】命令

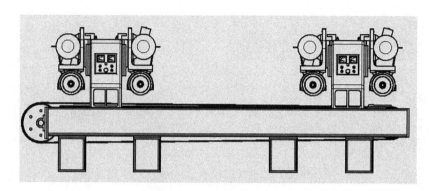

图 5-32　选择视图

步骤二：在图 5-33 所示的【重叠视图】对话框中设置位置表达、视图表达、样式等信息。

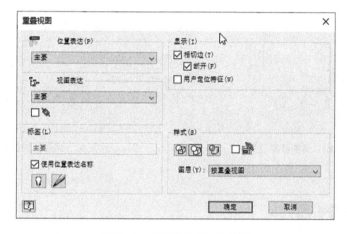

图 5-33　【重叠视图】对话框

步骤三：单击【确定】，完成重叠视图的创建，如图 5-34 所示。

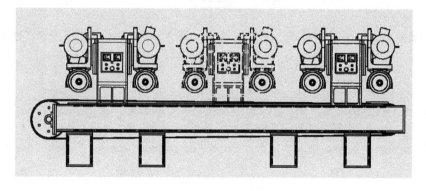

图 5-34　创建的重叠视图

5.1.7　创建断裂视图

断裂视图即通过"删除"或"打断"不相关的部分，减小较长模型的显示长度，但打断后模型的尺寸会反映正确的长度。

操作步骤

步骤一：如图 5 - 35 所示，单击【断裂画法】命令，然后选择需要断裂的工程图视图。

图 5 - 35　【断裂画法】命令

步骤二：在图 5 - 36 所示的【断开】对话框中设置样式、方向、间隙等。

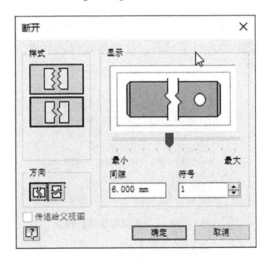

图 5 - 36　【断开】对话框

步骤三：如图 5 - 37 所示，移动光标到需要断开的起始位置，单击该位置。

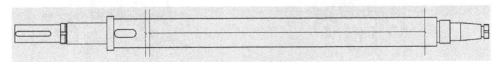

图 5 - 37　确定左侧断开位置

步骤四：移动光标到需要断开的结束位置，单击该位置，完成断裂视图的创建，如图 5 - 38 所示。

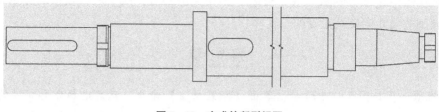

图 5 - 38　完成的断裂视图

5.1.8　创建局部剖视图

局部剖视图用于去除所定义区域的材料，以显示现有工程图视图中被遮挡的零部件（在 Inventor LT 中不适用）或特征。

操作步骤

步骤一：如图 5 - 39 所示，在【草图】选项卡中单击【开始创建草图】命令。选择需要创建局部剖视图的工程图视图，绘制当前视图草图，如图 5 - 40 和图 5 - 41 所示。

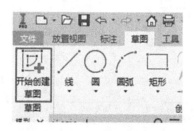

图 5 - 39　【开始创建草图】命令

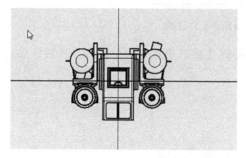

图 5 - 40　选中要创建局部剖视图的视图

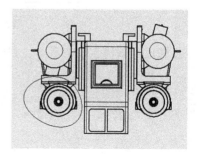

图 5 - 41　绘制局部剖视图轮廓

步骤二：如图 5-42 所示，单击【局部剖视图】命令，然后选择需要创建局部剖视图的工程图视图。

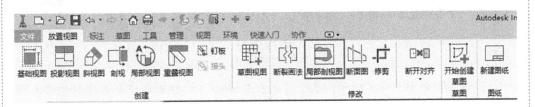

图 5-42　【局部剖视图】命令

步骤三：在【局部剖视图】对话框中设置深度，如图 5-43 所示。

图 5-43　【局部剖视图】对话框

步骤四：单击【确定】，完成局部剖视图的创建，如图 5-44 所示。

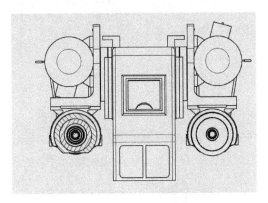

图 5-44　完成的局部剖视图

视频二维码

5.1.9 创建断面图

剖视图切片即从现有工程图视图生成零深度截面。在 Inventor 中通常使用【剖视】命令来创建断面图，而不使用【断面图】命令。

操作步骤

步骤一：如图 5-45 所示，单击【剖视】命令，然后选择需要进行剖切的工程图视图。

图 5-45 【剖视】命令

步骤二：绘制图 5-46 所示的剖视图。

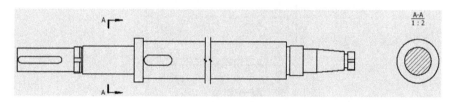

图 5-46 剖视图

步骤三：在绘制的剖视图上双击，在弹出的【工程视图】对话框中进行图 5-47所示的设置，隐藏标签和投影线，单击【确定】。

a）隐藏标签   b）隐藏投影线

图 5-47 编辑剖视图

步骤四：移动剖视图到图 5 - 48 所示的位置。

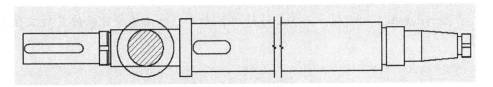

图 5 - 48 移动剖视图

步骤五：在剖视图上单击鼠标右键，选择【编辑截面特性】，如图 5 - 49a 所示。将【剖切深度】设置为【距离】和 "0mm"，如图 5 - 49b 所示。创建完成的断面图如图 5 - 50 所示。

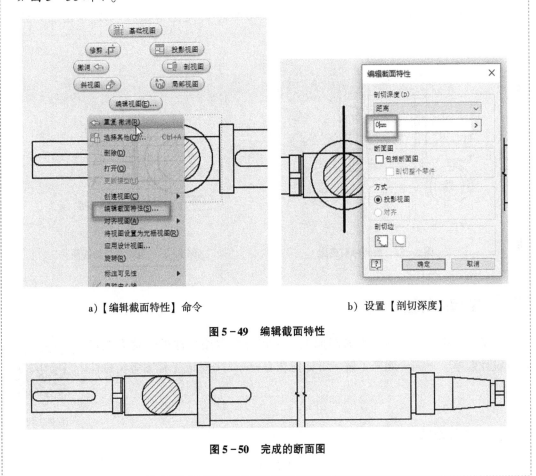

a)【编辑截面特性】命令   b) 设置【剖切深度】

图 5 - 49 编辑截面特性

图 5 - 50 完成的断面图

5.1.10 创建修剪视图

修剪视图用于对现有工程图视图中的视图边界进行控制。

操作步骤

步骤一：如图 5-51 所示，单击【修剪】命令，然后选择需要修剪的工程图视图。

图 5-51 【修剪】命令

步骤二：绘制修剪范围，完成修剪视图的创建，如图 5-52 和图 5-53 所示。

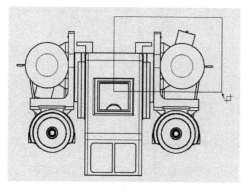 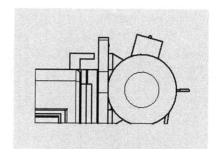

图 5-52 绘制修剪范围   图 5-53 完成的修剪视图

5.2 工程图标注

在工程图中的标注是最耗费时间的，了解各类常用标注的创建方法可提升设计效率。下面一起来了解一下如何在 Inventor 中完成工程图各类标注的创建。

视频二维码

5.2.1 尺寸标注

操作步骤

步骤一：如图 5-54 所示，单击【尺寸】命令，然后依次选择要标注的图元，Inventor 会根据所选图元的类型及数量，在工作区中显示标注的结果。

图 5-54 【尺寸】命令

步骤二：如果结果并非想要的尺寸类型，可单击右键，在【尺寸类型】中进行切换，如图 5-55 所示。

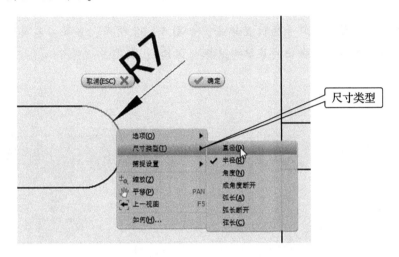

图 5-55 不同尺寸类型

步骤三：移动光标到尺寸需要放置的位置，单击该位置进行尺寸的放置，完成尺寸的创建，如图 5-56 所示。

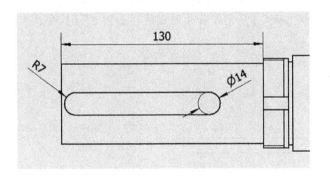

图 5-56 完成尺寸创建

5.2.2 符号标注

在【符号】面板中可进行粗糙度、焊接符号等的标注。

操作步骤

步骤一：如图 5－57 所示，选择需要标注的符号，然后单击要标注的位置，Inventor 在工作区中会显示标注的结果。

图 5－57　标注符号

步骤二：在要放置符号的位置单击，如图 5－58 所示，如果不需要引线，可跳过此步。单击右键，在弹出的菜单中选择【继续】，如图 5－59 所示。

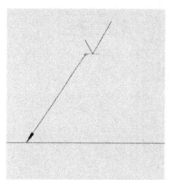

图 5－58　符号引线

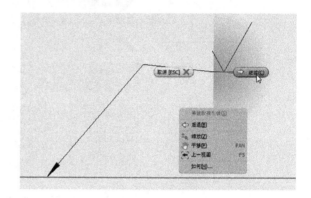

图 5－59　右键菜单

步骤三：在符号设置界面中输入符号的相关信息。根据放置符号的不同，设置界面各有不同。图 5－60 所示为【表面粗糙度】对话框。

步骤四：单击【确定】，完成符号的创建，如图 5－61 所示。

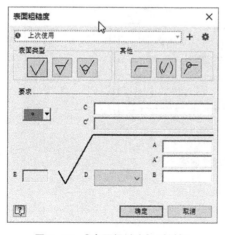

图 5－60　【表面粗糙度】对话框

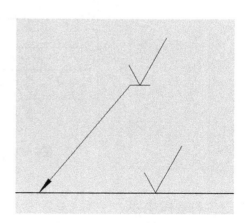

图 5－61　完成的符号标注

5.2.3　序号标注

在装配体工程图中，如果需要添加每个零件的序号，可通过【引出序号】命令来完成。

操作步骤

步骤一：如图 5-62 所示，单击【引出序号】命令，然后单击要标注的位置，Inventor 在工作区中会显示标注的结果。

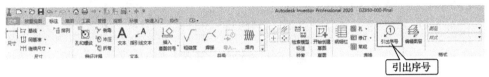

图 5-62　【引出序号】命令

步骤二：移动光标到序号需要放置的位置，单击以放置序号，如图 5-63 所示。

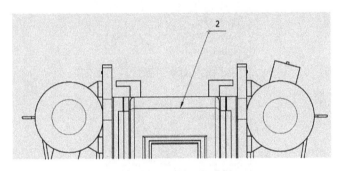

图 5-63　放置引出序号

步骤三：单击右键，在弹出的菜单中选择【继续】，完成序号的创建，如图 5-64 所示。

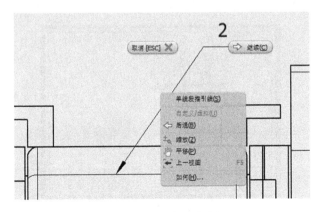

图 5-64　完成的引出序号

5.2.4 创建明细栏

在 Inventor 中，可以自动创建明细栏并以 Excel 格式输出。

操作步骤

步骤一：如图 5-65 所示，单击【明细栏】命令，然后选择一个视图。

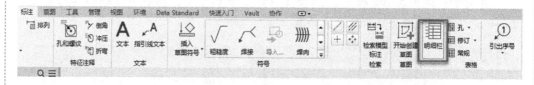

图 5-65 【明细栏】命令

步骤二：在图 5-66 所示的【明细栏】对话框中设置相关信息，单击【确定】。

图 5-66 【明细栏】对话框

步骤三：移动光标到明细栏需要放置的位置，然后单击左键，完成明细栏的创建，如图 5-67 所示。

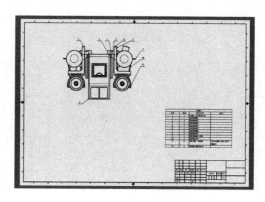

图 5-67 完成的明细栏

步骤四：右键单击图 5-68 所示的明细栏，选择【导出】，完成 Excel 格式文件的导出，如图 5-69 所示。

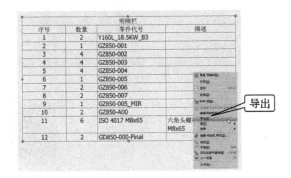

图 5-68　导出明细栏

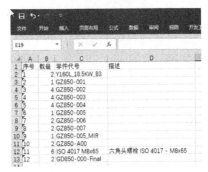

图 5-69　导出的 Excel 明细栏

如果在三维装配体中导出 Excel 明细栏，导出的 Excel 文件会带缩略图，如图 5-70 所示。

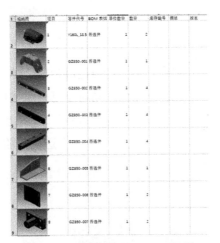

图 5-70　带缩略图的 Excel 明细栏

重要提醒

- 【检索模型标注】可以将在 3D 设计时创建的尺寸自动带入到工程图中，提升标注效率，但尺寸并不会全部自动标注，所以在 3D 建模时尺寸标注要尽可能规范。
- 一定要提前定义好公司要使用的零件、装配体和工程图模板，最好整个公司统一使用保存在服务器上的模板。
- 尺寸的公差尽量在零件中标注，避免在工程图中添加。
- 标题栏中的信息尽量使用 iProperty 中的特性。

第6章 表达视图

Chapter Six

视频二维码

┌─ **学习目标** ─┐

1) 创建表达视图，了解装配体安装和拆解的过程。

2) 在表达视图中制作安装和拆解过程的视频。

　　本章主要介绍表达视图的基础功能，讲解表达视图的工作流程以及如何输出一个视频。

6.1 何为表达视图

　　在生产过程或交流过程中，准确、简单地表达清楚模型结构非常重要。表达视图可以用动画的方式展示产品的爆炸图或装配动画，同时还可以添加爆炸的轨迹线，生动地向用户展示产品的装配过程。通过这样的 3D 可视化方法，可以让不懂技术的人员也能清晰、快速地了解产品的特点、原理等。图 6 - 1 所示即为表达视图的界面。

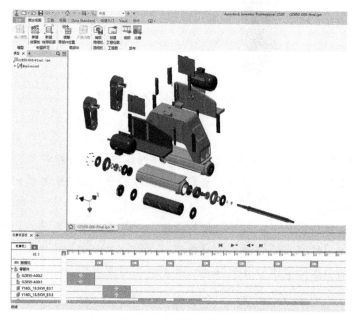

图 6 - 1　表达视图的界面

6.2 创建表达视图

创建表达视图的方法有两种，一种方法是在 Inventor 的快速访问工具栏中单击【新建】，然后在【新建文件】对话框中选择默认的".IPN"模板，单击【创建】；另一种方法是在 Inventor 中打开一个装配体文件后，在模型浏览器顶部的装配体名称上单击右键，然后从弹出的快捷菜单中选择【创建表达视图】，如图 6-2 所示。

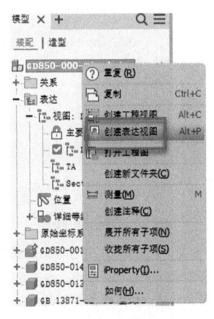

图 6-2　【创建表达视图】命令

操作步骤

步骤一： 如图 6-3 所示，单击【新建】，进入【新建文件】对话框。

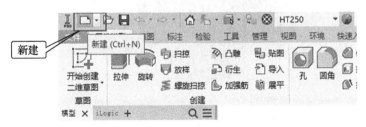

图 6-3　新建文件

步骤二： 在【新建文件】对话框中选择表达视图的模板，单击【创建】，如图 6-4 所示。

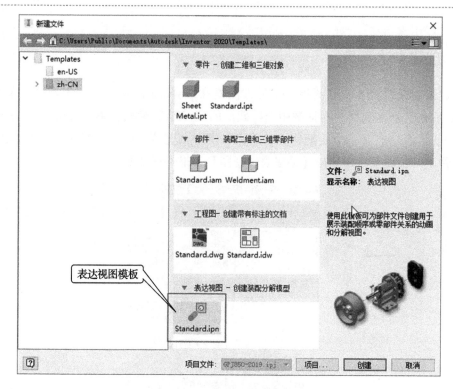

图 6 - 4　选择表达视图模板

　　步骤三：在【插入】对话框中，找到并选择要插入到第一个场景中的装配体模型文件，单击【打开】，即可进入表达视图环境，如图 6 - 5 所示；如果在【插入】对话框中选择【取消】，则会新建一个空白表达视图。

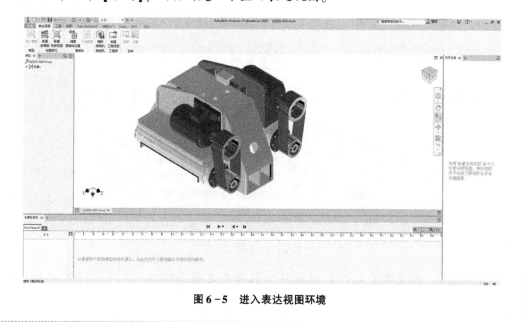

图 6 - 5　进入表达视图环境

6.3 零部件位置变化

下面来看一下如何在表达视图中移动或旋转零部件。

操作步骤

步骤一：如图6-6所示，在【表达视图】选项卡中单击【调整零部件位置】。

图6-6 【调整零部件位置】命令

步骤二：在弹出的图6-7所示工具中可以切换选择过滤器，选择零件或部件，并可以在【移动】和【旋转】之间切换。

图6-7 选择零件或部件

步骤三：根据情况切换位置变化方式，然后在工作区中选择对应的箭头，按住鼠标左键进行移动或旋转操作，如图6-8所示。在调整位置的时候，可以输入精确的数值，也可以输入动作持续时间。

图6-8 通过坐标轴移动零部件

步骤四：单击【确定】 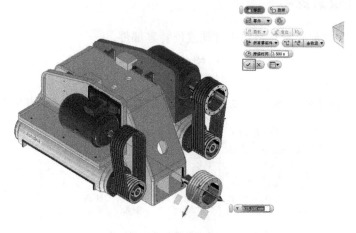，完成位置变化的调整，如图 6 - 9 所示。

图 6 - 9　完成位置变化调整

步骤五：如图 6 - 10 所示，在【故事板面板】中单击【播放】 图标，就可以播放刚才所做的位置变化的动画了。

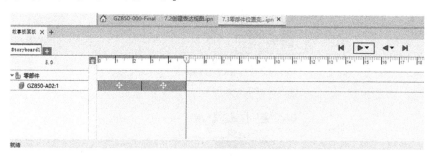

图 6 - 10　播放动画

6.4　创建动画

对零部件进行位置变化后，就可以创建动画并输出视频了。

------ 操作步骤 ------

步骤一：如图 6 - 11 所示，单击【视频】命令。

图 6 - 11　【视频】命令

步骤二：在图6-12所示的【发布为视频】对话框中设置视频相关信息，然后单击【确定】，完成视频动画的创建与输出。

图6-12 【发布为视频】对话框

- 尽可能多地用动画形式向装配车间展示产品装配过程，与非技术人员交流时也会非常高效。
- 在制作安装或者拆解装配体的视频时，可在【当前故事板范围】处选择适当的制作视频的时间。指定重点时段的视频内容即可，这样可节约导出视频的时间。

第7章 MBD—基于模型的产品数字化定义

Chapter Seven

本章将讲解 Inventor MBD 模块的功能命令，以及对零件和部件进行 MBD 标注的工作流程。希望各位读者通过本章的学习，可以了解并且掌握在进行零件和部件 MBD 标注时的基本规则和注意事项，从而可以更好地应用于实际工作中。

7.1 MBD 简述

MBD（Model Based Definition）通常翻译为基于模型的产品数字化定义，是一个用集成的三维实体模型来完整表达产品定义信息的方法体，它详细规定了三维实体模型中产品的尺寸、公差的标注规则和工艺信息的表达方法。MBD 改变了传统的由二维工程图样来描述几何形状信息的方式，而是用三维实体模型来定义尺寸、公差和工艺信息。MBD 有时也被认为是

视频二维码

三维标注，它是三维设计发展的必经之路，是三维模型取代二维工程图成为加工制造的唯一数据源的核心技术。

MBD 概念的提出和规范建立已经多年，一般认为是起源于波音公司的新一代产品定义方法，美国机械工程师协会 ASME 在此基础上将其发展成国际标准 ASME Y14.41—2003，欧洲又在其基础上制定了相应的 MBD 标准 ISO 16792—2006。美国国防部为了加快企业数字化建设，建立基于模型的企业（MBE, Model Based Enterprise），要求旗下的供应商采用 MBD 技术设计产品，并制定了相应的标准 MIL – STD – 31000A，对产品定义数据包（TDP, Technical Data Package）进行了详细的规定，其目的是想将企业从传统的以图样为中心，逐步发展到以模型为中心。2006 年国际标准化组织（ISO）也发布了相应标准。我

国在 2009 年开始制定国家标准 GB/T 24734，并于 2010 年正式发布。

三维实体模型在 MBD 技术中是作为唯一制造依据的标准载体，利用这个载体进行加工制造，首先就要保证这个载体所负载信息的完整性，这些信息包括模型本身的属性信息和三维标注的相关信息。三维实体模型的属性信息包括单位、材料、公差标准、精度、参数、三维标注以及注释等。

目前很多主流的三维设计软件都提供了 MBD 的功能或模块，Autodesk Inventor 从 2018 版开始提供 MBD 的相关功能，历经 R2018、R2018.1、R2018.2、R2019、R2019.1、R2020 等多个版本，现在，Autodesk Inventor 已经能提供丰富的 MBD 功能。本章将通过案例来学习该功能模块的应用。

7.2　Inventor MBD 基础介绍

Inventor MBD 功能模块支持零件和部件，但是界面略有不同。部件环境有常规标注、注释、视图、比例管理以及结果导出等命令，零件环境多了几何标注相关功能，如图 7 - 1 和图 7 - 2 所示。

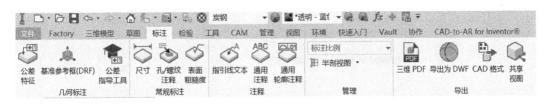

图 7 - 1　零件环境界面

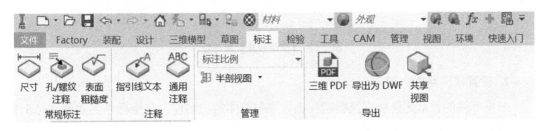

图 7 - 2　部件环境界面

使用零件或部件环境中【常规标注】选项卡上的命令可以为零部件模型添加三维标注。在零件环境中，使用【公差特征】命令可以为模型添加 GD&T 标注。使用【公差指导工具】可以帮助读者了解模型的状态并管理公差特征标注。

另外，三维标注命令的工作流程和界面与工程图环境中的标注命令类似，例如，在放置标注或者在对话框中单击【确定】后，可以继续添加相同类型的标注。

7.2.1 基础设置及操作

1. 设置三维标注单位和标准

如果第一次使用三维标注命令时没有设置激活的标准，系统会要求您选择标准。

单击【工具】选项卡中的【文档设置】，弹出【文档设置】对话框，切换至【标准】选项卡，指定激活的标准以设置单位，如图 7-3 所示。

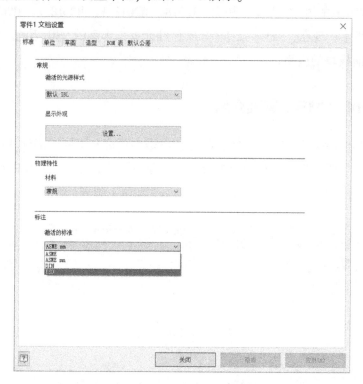

图 7-3 【文档设置】对话框

2. 设置视图标注比例

三维标注的显示比例会直接影响视觉效果和整体的协调性。三维标注的比例在每个视图中可以是不同的，设置方法有两种：

方法一：在模型浏览器中进行标注比例设置。

操作步骤

步骤一：选择需要设置的视图，然后双击激活该视图。

步骤二：如图 7-4 所示，在模型浏览器中的主视图上单击右键，然后在【标注比例】中设置比例。

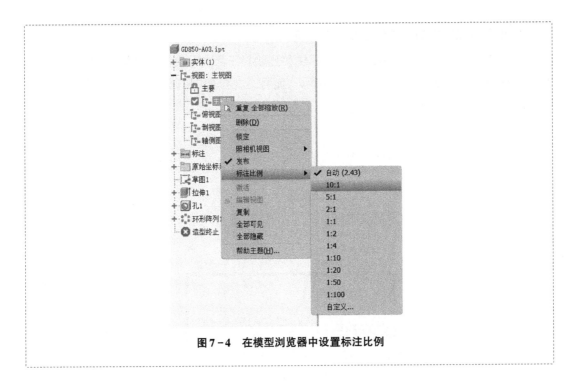

图 7-4　在模型浏览器中设置标注比例

方法二：在工具面板上进行标注比例设置。

操作步骤

步骤一：选择需要设置的视图，然后双击激活该视图。
步骤二：切换至【标注】选项卡，在【标注比例】中设置比例，如图 7-5 所示。

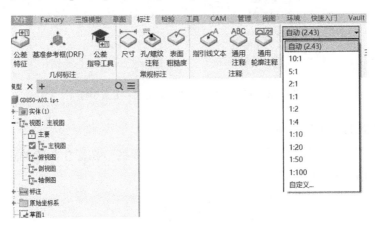

图 7-5　在工具面板上设置标注比例

另外，在视图中设置模型标注的可见性和比例后，可以保存当前照相机。默认情况下，在激活的视图中创建标注时，系统会将标注添加到所有未锁定的现有视图中。

3. 模型浏览器中的三维标注和公差特征

无论是零件还是部件环境，所有的标注和公差特征都会在模型浏览器中列出，在此处查看和管理标注非常方便，如图 7-6 所示。而且，在模型浏览器中选中某个标注或公差特征时，其都会在绘图区域高亮显示。

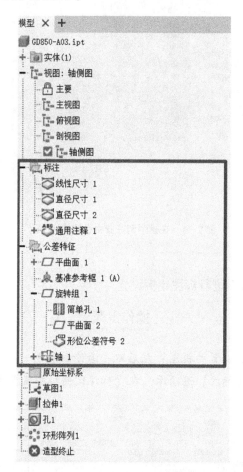

图 7-6   在模型浏览器中查看标注和公差特征

4. 标注放置的常用命令和快捷键

在标注的过程中，尺寸位置的放置无疑是非常重要的。在标注放置的过程中，调用常用放置命令和快捷键的方法如下。

操作步骤

步骤一：单击【标注】选项卡中的【尺寸】。

步骤二：选择图 7-7 所示的两个面，标注尺寸就会出现。单击鼠标右键，即可弹出快捷菜单。

　　可以通过选择右键菜单中对应的命令进行标注位置的设置，也可以通过快捷键来进行设置。以下两个快捷键是标注中最常用的：

- 键盘空格键：循环切换标注的备用放置平面。
- 键盘 < Shift > 键：选择标注平面。

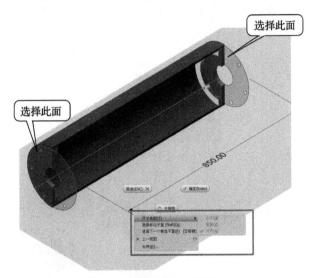

图 7 - 7　标注放置中的常用命令

- 三维标注可见性的全局控制：勾选【视图】选项卡【对象可见性】选项中的【三维标注】复选框，三维标注就会全部显示，否则全部不显示，如图 7 - 8 所示。

☼ **/注意/**

图 7 - 8　三维标注可见性的全局控制

- 仅选择三维标注的设置：在快速访问工具栏中单击【选择设置】/【选择标注】，选中后，在模型界面选择对象时就只会选到三维标注，如图 7-9 所示。因为模型中的特征和对象很多，选择时很难精确地选到希望的对象，因此该设置会十分常用。例如，将视图设置为激活状态，然后关闭该视图中不应显示的标注的可见性。

图 7-9　三维标注可选择性设置

- 在需要表达零部件的内部特征时，可以通过创建剖视图来实现更加清晰的表达。

7.2.2　常规标注

【常规标注】面板中有【尺寸】、【孔/螺纹注释】和【表面粗糙度】三个命令，如图 7-10 所示。

图 7-10　【常规标注】面板

下面以本章配套模型中的零件文件"GZ850-005.ipt"为例来讲解【尺寸】命令的使用方法。

1. 创建和编辑尺寸

通过【尺寸】命令，可以创建线性尺寸、半径尺寸、直径尺寸以及角度尺寸。

操作步骤

步骤一： 打开文件"GZ850 - 005. ipt"。

步骤二： 单击【标注】选项卡中的【尺寸】命令。

步骤三： 选择要标注的几何图元，如图 7 - 11 所示。

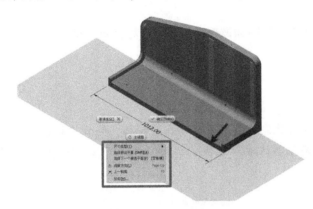

图 7 - 11　选择几何图元

步骤四： 单击空白绘图区域以放置尺寸，也可以通过右键快捷菜单或者键盘快捷键（空格键和 < Shift > 键）来操作和设置。

步骤五： 展开工具栏中的下拉列表，选择尺寸样式，例如【基本】，选择偏差类型为【±】，并在数值框中输入偏差值"1"，如图 7 - 12 所示。

图 7 - 12　尺寸标注编辑工具栏

步骤六：单击【确定】 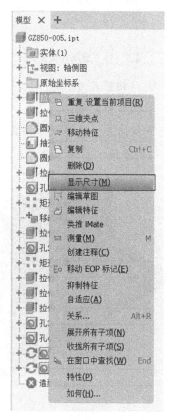 完成标注尺寸的添加。

步骤七：如果需要编辑尺寸，可以右键单击尺寸，然后选择【编辑】；也可以双击该尺寸直接进入编辑界面。

> ☀ **/注意/** 如果无法选中尺寸，可将选择类型更改为三维标注。

2. 提取现有尺寸

可以通过提取现有的草图和模型的尺寸来直接创建三维标注。

───────── **操作步骤** ─────────

步骤一：打开文件"GZ850 – 005. ipt"。

步骤二：鉴别并找到需要的尺寸所在的特征，例如"拉伸1"。

步骤三：右键单击特征"拉伸1"，然后选择【显示尺寸】，如图7 – 13所示。

模型 × +

- GZ850-005. ipt
  - ＋ 实体(1)
  - ＋ 视图：轴侧图
  - ＋ 原始坐标系

  重复 设置当前项目(R)
  三维夹点
  移动特征
  复制   Ctrl+C
  删除(D)
  显示尺寸(M)
  编辑草图
  编辑特征
  类推 iMate
  测量(M)   M
  创建注释(C)
  移动 EOP 标记(E)
  抑制特征
  自适应(A)
  关系...   Alt+R
  展开所有子项(N)
  收拢所有子项(S)
  在窗口中查找(W)   End
  特性(P)
  如何(H)...

图7 – 13　选择【显示尺寸】

步骤四：选择需要的尺寸 45、330、520（按住 < Ctrl > 键可以多选），如图 7 - 14 所示，然后在绘图区域的空白处单击右键，选择【创建三维标注】。

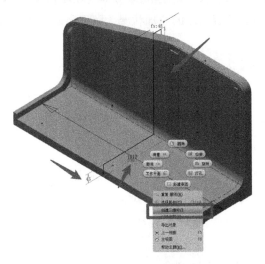

图 7 - 14　选择尺寸

/注意/　如果无法选中尺寸，在【选择设置】中调整选择对象即可。

步骤五：选择需要调整的尺寸，按住鼠标左键进行拖拽，放到需要的位置即可，如图 7 - 15 所示。

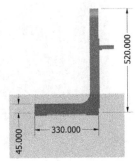

图 7 - 15　调整标注尺寸的位置

/注意/
● 常规标注的使用流程为选择对象放置尺寸，然后编辑尺寸和特性。
● 当无法选择目标对象时，可在【选择设置】中进行调整。

7.2.3　公差标注和公差指导工具

对于零件来说，形位公差是很重要的一环，Inventor 为该模块在零件环境中提供了专门的几何标注功能, 它包含【公差特征】、【基准参考框 (DRF)】和【公差指导工具】三个命令, 如图 7 - 16 所示。使用【公差特征】命令可以将 GD&T 标注、形位公差符号和基准标识符号附着到零件的面或特征上; 使用【基准参考框 (DRF)】可以创建自定义的基准参考; 使用【公差指导工具】可以检查公差的添加状况, 而且会显示公差标注的错误和有效性。

图 7 - 16 【几何标注】面板

1. 创建和编辑公差特征

使用【公差特征】可以通过公差指导工具在几何图元上约束特征并参与 GD&T 分析, 下面通过示例来学习如何创建和编辑公差特征。

操作步骤

步骤一: 打开文件 "GZ850 - 005. ipt"。

步骤二: 单击【标注】选项卡中的【公差特征】命令。

步骤三: 选择需要标注的面, 如图 7 - 17 所示, 然后单击【确定】 ✅ 。

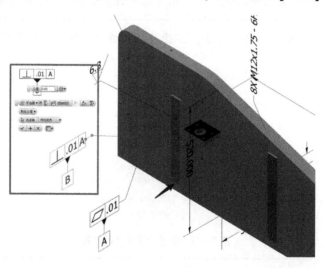

图 7 - 17 选择面

步骤四: 单击预览中的元素, 可编辑标注中显示的特性和值。将公差值改为 0.01, 如图 7 - 17 所示。

步骤五: 单击【确定】 ✅ , 完成公差特征的创建。

步骤六: 如果需要编辑公差, 可以右键单击特征, 选择【编辑公差特征】; 也可以双击特征直接进入编辑界面。

> **注意**
>
> - 无论选择几何图元还是三维标注尺寸，如果无法选中，更改选择类型即可。
> - 放置公差标注时，同样可以使用 <Shift> 键和空格键，选择放在指定平面或者在多个备选平面间切换。
> - 标注放置后，可以拖动指引线上面绿色的点进行位置的调整。
> - 标注完成后，公差标注将添加到模型浏览器中的"公差特征"文件夹中。
> - 【公差特征】命令可自动检测到在模型上创建的关联草图或特征尺寸。在创建公差特征时，该命令会暗中提升公差尺寸。

2. 创建新的基准参考框（DRF）

使用【基准参考框（DRF）】命令可以创建新的基准参考框。下面通过示例来学习如何创建和编辑基准参考框。

操作步骤

步骤一：打开文件"GZ850 – 005. ipt"。

步骤二：单击【标注】选项卡中的【基准参考框（DRF）】命令。

步骤三：如图 7 – 18 所示，在模型浏览器中可以看到已经存在两个基准参考框"A"和"A | B"。现在创建新的基准参考框"B | A"。

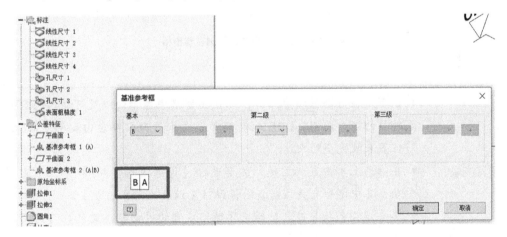

图 7 – 18 创建基准参考框

步骤四：单击【确定】完成创建。新的基准参考框也将添加到模型浏览器中的"公差特征"文件夹中。

步骤五：若要编辑 DRF，可在模型浏览器中选择 DRF，单击鼠标右键，然后从快捷菜单中选择【编辑 DRF】。

3. 使用公差指导工具进行验证

在创建公差的过程中需要确保模型是全约束的，【公差指导工具】不但可以指导我们逐步创建完全受约束的模型，而且在创建公差特征时，【公差指导工具】浏览器窗格中会显示潜在问题的消息或警告。启用【面状态着色】可以查看模型面的约束状态。

操作步骤

步骤一： 打开文件 "GZ850 – 005. ipt"。

步骤二： 单击【标注】选项卡中的【公差指导工具】命令，将会显示【公差指导工具】浏览器窗格，如图 7 – 19 所示。

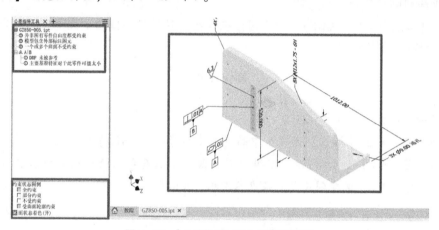

图 7 – 19 【公差指导工具】浏览器窗格

⚙️ /**注意**/
- 以下是在【公差指导工具】浏览器窗格中显示的以及可显示的有关特征的消息示例：DRF 未被参考；并非所有零件自由度都受约束；位置未被完全约束。
- 在消息上单击鼠标右键，然后选择【详细消息】，可打开上下文帮助，其中包含有关该消息的详细信息以及可采取的方法。
- 单击【公差指导工具】浏览器窗格底部的【面状态着色】可启用或禁用面约束状态着色。

7.2.4 注释

对于零部件的表达来说，文本和引线注释、通用注释及通用轮廓注释通常都是需要的。【注释】面板如图 7 – 20 所示。

图 7 - 20　【注释】面板

- 【指引线文本】：创建引出注释，在【文本格式】对话框中可以编辑文本内容、属性等。
- 【通用注释】：创建用于全局的注释要求。
- 【通用轮廓注释】：创建用于全局的轮廓注释要求，对于没有使用公差特征标识的面，使用该命令可以增加对其的控制。

下面通过示例来讲解如何使用这三个命令。

操作步骤

　步骤一：打开文件"GZ850 - 005. ipt"。

　步骤二：单击【标注】选项卡中的【指引线文本】命令，选择需要注释的对象，注释引出后放置到需要的位置，在【文本格式】对话框中输入文本，然后单击【确定】，如图 7 - 21 所示。

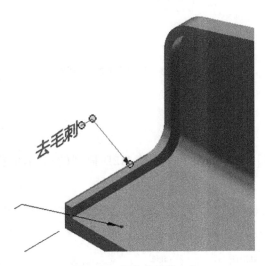

图 7 - 21　添加指引线文本

　步骤三：单击【通用注释】命令，绘图区域会被分为四个象限，选择一个象限放置注释，选择的象限会高亮显示，如图 7 - 22 所示，然后在【文本格式】对话框中输入技术要求或者说明，单击【确定】。

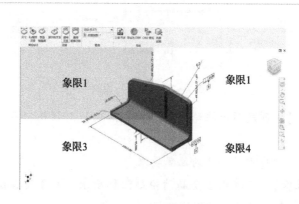

图 7-22　添加通用注释

步骤四：单击【通用轮廓注释】命令，绘图区域同样会被分为四个象限，选择一个象限放置注释，然后在【文本格式】对话框中输入通用形位公差或者表面加工要求等信息，如图 7-23 所示。

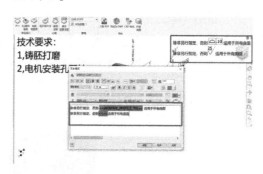

图 7-23　添加通用轮廓注释

7.2.5　管理和导出

【管理】和【导出】面板的命令是创建 MBD 模型的辅助功能，总共包含六个命令，如图 7-24 所示。

图 7-24　【管理】和【导出】面板

- 【标注比例】：设置标注比例，设置比例后会直接反映到绘图区域标注比例的显示。该设置可以随设计视图保存。
- 【剖视】：在标注时创建剖视图，以便于标注内部特征，包括 1/4 剖视图、半剖视图、3/4 剖视图和退出剖视图命令。该功能与【视图】选项卡中的【可见性】/

【剖视】功能一样，并且可以同步。

- 【三维 PDF】：发布三维 PDF 文件，发布时可以选择要显示的信息，如图 7－25
所示。

图 7－25　【发布三维 PDF】对话框

- 【导出为 DWF】：DWF 是 Autodesk 定义的三维模型共享格式，文件只能用于查看、
浏览和批注，无法编辑。该命令用于创建 DWF 文件，如图 7－26 所示。

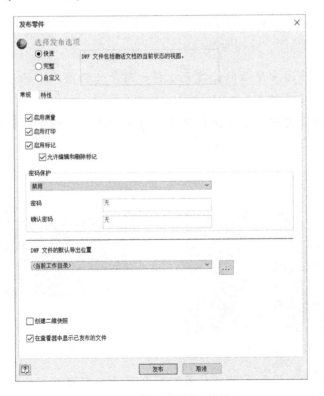

图 7－26　【发布零件】对话框

- 【CAD 格式】：可以将模型输出为其他 CAD 格式，支持的格式如图 7－27 所示。

| AutoCAD DWG 文件(*.dwg) |
| CATIA V5 零件文件(*.CATPart) |
| IGES 文件(*.igs;*.ige;*.iges) |
| JT 文件(*.jt) |
| OBJ 文件(*.obj) |
| Parasolid 二进制文件(*.x_b) |
| Parasolid 文本文件(*.x_t) |
| Pro/ENGINEER Granite 文件(*.g) |
| Pro/ENGINEER Neutral 文件(*.neu*) |
| SAT 文件 (*.sat) |
| SMT 文件(*.smt) |
| STEP 文件(*.stp;*.ste;*.step;*.stpz) |
| STL 文件(*.stl) |

图 7-27　导出为其他 CAD 格式

- 【共享视图】：用于创建可与团队分享的共享视图。该命令与【协作】选项卡中的
【共享】/【共享视图】功能一样，此处不再详述。

7.3　Inventor MBD 应用实践

视频二维码

7.3.1　零件应用实践

下面以文件"GZ850 - 005 - Final. ipt"为例来讲解其中的特点和注意事项。在该文件中共创建了五个设计视图，分别为：

- 主视图：该视图中显示的标注尺寸将会用于工程图纸中的主视图，如图 7-28 所示。

- 俯视图：该视图中显示的标注尺寸将会用于工程图纸中的俯视图，如图 7-29 所示。

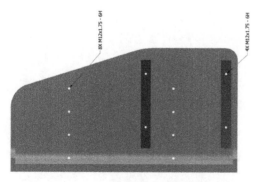

图 7-28　主视图

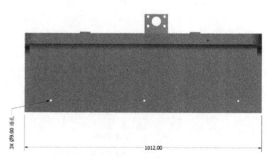

图 7-29　俯视图

- 侧视图：该视图中显示的标注尺寸将会用于工程图纸中的侧视图，如图 7-30 所示。

- 轴测图：该视图显示了创建的所有标注，可用于管理和编辑所有标注。当然，这

些标注也可用于工程图纸中视图上的标注显示, 如图 7 – 31 所示。

- 轴测图 – 无尺寸: 用于展示模型状态, 将来也可用于装配中的显示。

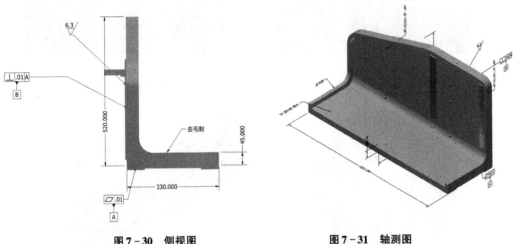

图 7 – 30　侧视图　　　　　　　图 7 – 31　轴测图

☀ 注意

- 根据标注对象的复杂程度, 并且考虑工程图出图的需要, 标注开始前, 需要创建必要的设计视图, 例如主视图、俯视图、侧视图、轴测图以及无尺寸轴测图。
- 所有的尺寸标注尽量在一个设计视图中完成 (建议用轴测图), 这样有利于整体的管理, 也方便查缺补漏。
- 标注完成后, 需要为各个视图设置标注比例, 各个视图的标注比例尽量一致。
- 在主视图、俯视图、侧视图等设计视图中, 要设置好尺寸的显示, 避免杂乱无章。查看标注放置是否是自己需要的, 如果需要的标注没有出现在该设计视图中, 请在轴测图中进行全局调整。

7.3.2　部件应用实践

下面通过一个部件文件来学习并巩固 MBD 功能模块的应用。

──── 操作步骤 ────

步骤一: 打开文件 "GD850 – A00. iam"。

步骤二: 创建主视图、俯视图、侧视图和轴测图, 如图 7 – 32 ~ 图 7 – 35 所示。

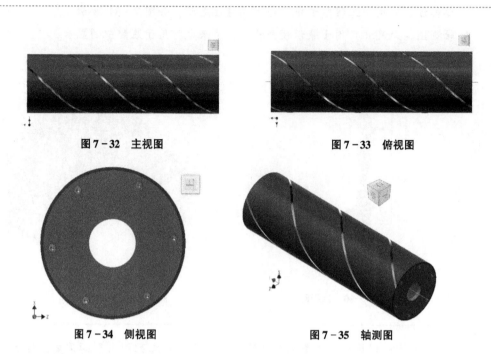

图 7-32 主视图　　　　　　　　　　　　图 7-33 俯视图

图 7-34 侧视图　　　　　　　　　　　　图 7-35 轴测图

步骤三：鼠标双击轴测图以激活。

步骤四：选择【半剖视图】，然后在模型浏览器中选择"XY平面"，单击【确定】 ，完成半剖视图的创建，如图 7-36 所示。

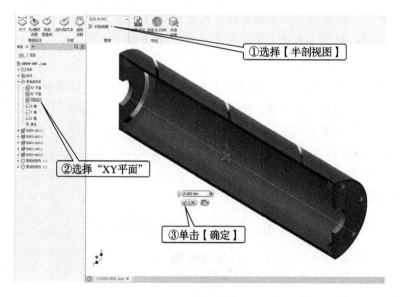

①选择【半剖视图】

②选择"XY平面"

③单击【确定】

图 7-36 创建半剖视图

步骤五：单击【尺寸】，然后选择两个平面，如图 7-37 所示，最后在下方空白处单击放置该尺寸。

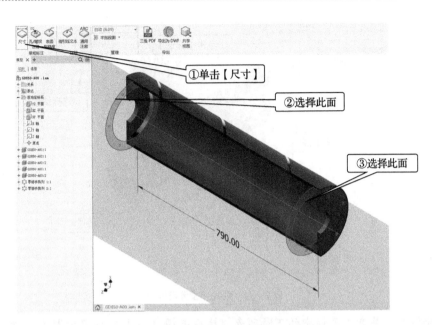

图 7-37　创建尺寸标注

步骤六：展开工具栏中的下拉列表，然后选择【基本】的尺寸样式，选择偏差类型为【±】，并在数值框中输入偏差值"0.05"，如图 7-38 所示。单击【确定】，完成标注尺寸的创建。

图 7-38　设置尺寸值

步骤七：继续创建第二个尺寸。单击【尺寸】，然后选择左右端两个平面，在下方空白处单击放置该尺寸，如图 7-39 中的①②③所示。

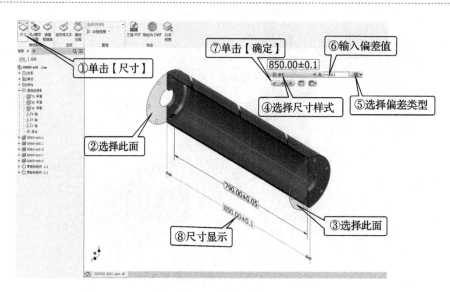

图 7 - 39　创建并设置尺寸值

步骤八：展开工具栏中的下拉列表，然后选择【基本】的尺寸样式，选择偏差类型为【±】，并在数值框中输入偏差值"0.1"，最后单击【确定】 ✅ ，完成标注尺寸的创建，如图 7 - 39 中的④⑤⑥⑦⑧所示。

步骤九：在模型浏览器中激活位置视图"打开"，可以看到标注尺寸 790 和 850 会变为 990 和 1050，如图 7 - 40 所示。然后激活位置视图"主要"，回到正常状态。

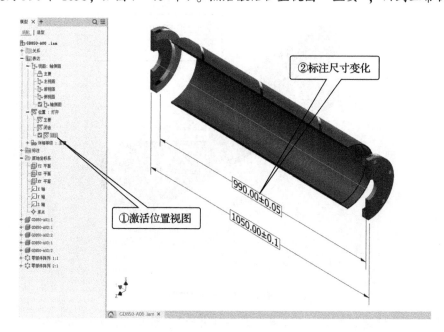

图 7 - 40　查看位置视图

> ☼ |注意| 　此种类型的尺寸不但可以用于正常的工程图，也可用于产品的介绍。

步骤十：单击【孔/螺纹注释】，选择外端盖的沉头孔，然后在空白处单击放置该尺寸。单击【确定】 ✓ ，完成标注尺寸的创建，如图 7-41 所示。

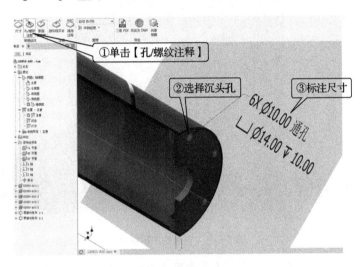

图 7-41　创建孔注释

步骤十一：单击【孔/螺纹注释】，选择图 7-42 所示的内盖的螺纹孔，然后在空白处单击放置该尺寸。单击【确定】 ✓ ，完成标注尺寸的创建。

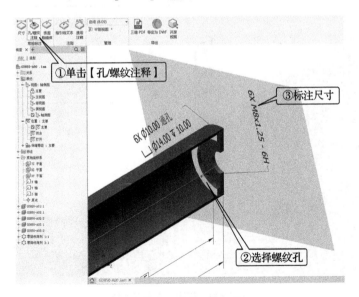

图 7-42　创建螺纹孔注释

步骤十二：单击【表面粗糙度】，选择图 7 - 43 所示的螺旋槽底面，然后按
<Shift>键创建放置平面，选择"XY 平面"，最后在空白处单击放置该尺寸。

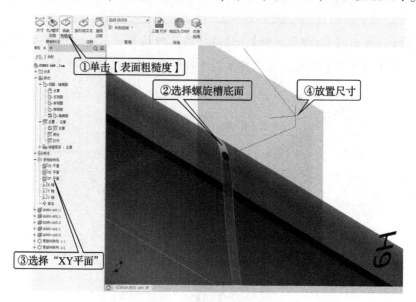

图 7 - 43 　创建表面粗糙度

　　步骤十三：将加工类型设置为【表面用去除材料的方法获得】，在【A】值处单
击，设置为"12.5"，然后在【B】值处单击，设置为"三处"，最后单击【确定】
，完成标注尺寸的创建，如图 7 - 44 所示。

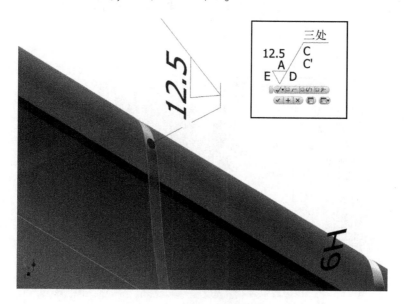

图 7 - 44 　编辑表面粗糙度值

步骤十四：单击【指引线文本】，选择螺旋槽边，在图 7-45 所示空白处单击放置该注释，然后在【文本格式】对话框中输入"焊接刀头后打磨"，最后单击【确定】，完成引线注释的创建。

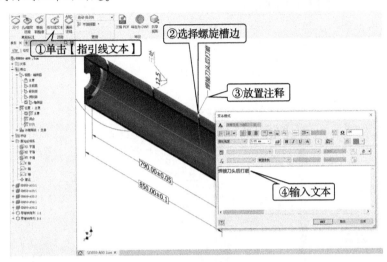

图 7-45　创建引线注释 1

步骤十五：单击【指引线文本】，选择中心线端部，在图 7-46 所示空白处单击放置该注释，然后在【文本格式】对话框中输入"组装完成后做动平衡"，最后单击【确定】，完成引线注释的创建。

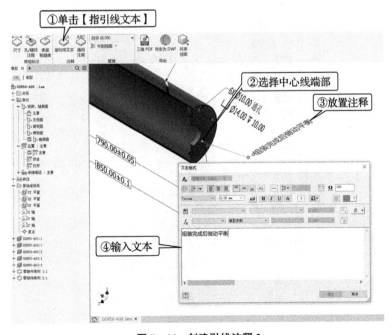

图 7-46　创建引线注释 2

步骤十六：单击【通用注释】，在图 7-47 所示空白处单击放置注释，然后在【文本格式】对话框中输入技术要求。最后单击【确定】完成通用注释的创建。

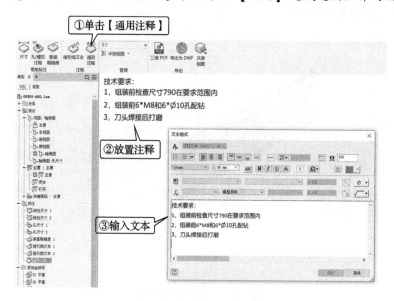

图 7-47　创建通用注释

步骤十七：右键单击"轴测图"，选择【复制】，然后将复制的视图更名为"轴测图-无尺寸"，如图 7-48 所示。

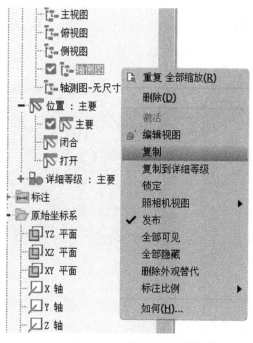

图 7-48　创建"轴测图-无尺寸"

步骤十八：激活"轴测图－无尺寸"，选中所有标注，如图 7－49 所示，在空白处单击右键，选择【可见性】，即可使所有标注全部不可见。

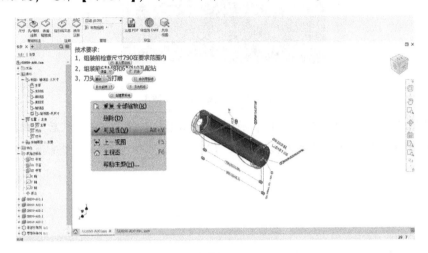

图 7－49　设置标注可见性 1

步骤十九：激活"主视图"，将【标注比例】设置为 5:1，然后选中没有文本显示的标注，在空白处单击右键，单击【可见性】，即可关闭其可见性，如图 7－50 所示。

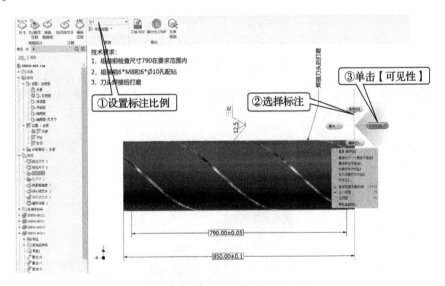

图 7－50　设置标注可见性 2

步骤二十：激活"俯视图"，将【标注比例】设置为 5:1，然后选中没有文本显示的标注，在空白处单击右键，单击【可见性】，即可关闭其可见性，完成后如图 7－51 所示。

图7-51　设置标注可见性3

步骤二十一：激活"侧视图"，将【标注比例】设置为5:1，然后选中没有文本显示的标注，在空白处单击右键，单击【可见性】，即可关闭其可见性，完成后如图7-52所示。

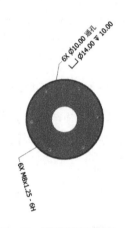

图7-52　设置标注可见性4

步骤二十二：激活"轴测图"，将【标注比例】设置为5:1，并将标注拖拽到合适的位置，如图7-53所示。

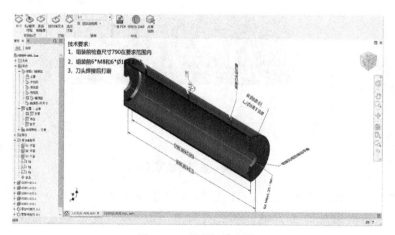

图7-53　调整标注位置

步骤二十三：创建工程图，选择图 7 – 54 所示模板。

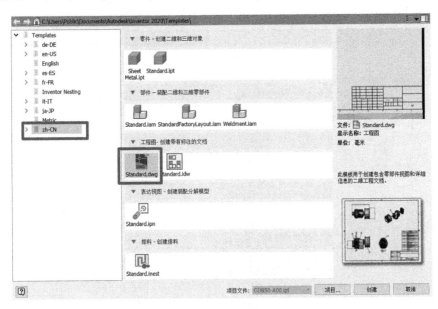

图 7 – 54　创建工程图

步骤二十四：创建视图。单击【放置视图】/【基础视图】，依次放置主视图、俯视图和侧视图。将【比例】设置为 1:5，并将工程图中的主视图与设计视图中的主视图关联，如图 7 – 55 所示。

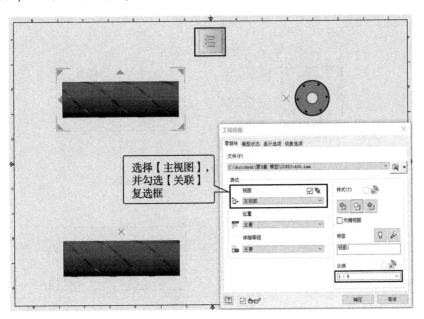

图 7 – 55　创建视图

　　步骤二十五：选中主视图，在空白区域单击右键，选择【检索模型标注】，如图 7 - 56 所示。

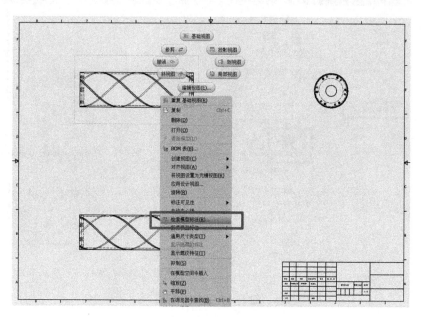

图 7 - 56　获取模型标注

　　步骤二十六：单击【应用】即可将注释放置在工程图纸上面，如图 7 - 57 所示。

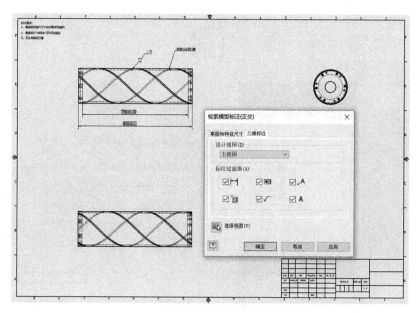

图 7 - 57　放置模型标注

步骤二十七：按照上述方法，为侧视图获取模型标注，如图 7-58 所示。

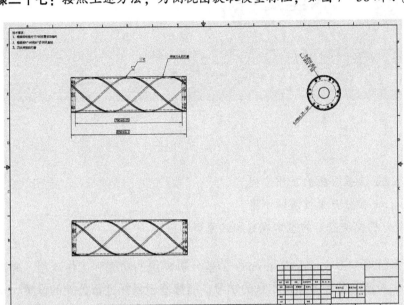

图 7-58　获取并放置模型标注

| 重要
提醒 | ● 三维标注除了可以用于工程图标注外，还可以用来标出产品的核心参数，用
于产品的展示和介绍。
● 再次强调，由于工程图出图的需要，在三维标注前，要先创建必要的设计
视图。 |

第8章 公差分析

Chapter Eight

1) 熟悉 Inventor 公差分析的工作流程。
2) 掌握 Inventor 公差分析模块的使用。
3) 了解公差分析模块应用的基本规则和注意事项。

本章将系统地学习 Autodesk Inventor 公差分析模块的功能和工作流程，并讲解常用的公差分析法。希望各位读者通过本章的学习，能够基于目标进行公差的设置，从而可以更好地应用于实际产品设计中。

8.1 公差分析基础知识

工程师在设计过程中，会根据功能要求来定义零件的尺寸，我们通常将这个尺寸称为公称尺寸。但在现实中，考虑到刀具的磨损、夹具的不完美、加工条件的波动、操作员的熟练程度，甚至检测器具的精密程度，零件几乎不可能完全按照公称尺寸制造出来，总会存在一定的差距。因此工程师在设计时会给予一个偏差范围，这个零件尺寸允许的偏差值就称为公差。设定零件的公差也就是设定零件制造时尺寸允许的偏差范围。

视频二维码

众所周知，公差越严格，制造成本越高，但这并不意味着公差越严格，产品的质量越高。因此，在产品设计中要合理地定义和分配零件和产品的公差。公差的设计既要满足产品的功能和质量要求，又要满足产品制造成本的要求，公差分析正是基于这样的目的而产生的。公差分析就是指在满足产品功能、外观、可装配性等要求的前提下，合理地定义和分配产品和零件的公差，优化设计，以最小的成本和最高的质量制造产品。

常用的公差分析方法有极值法、均方根法和六西格玛公差分析法，均方根法和六西格玛公差分析法都属于统计公差法。

目前公差分析的软件很多，而且很多主流的三维设计软件都提供了公差分析的功能或模块。Autodesk Inventor 从 2019.1 版开始提供公差分析功能。本章将通过案例来学习该功能模块的应用。

8.2 Inventor 公差分析模块基本操作

Inventor 公差分析模块是一个单独的功能模块，Inventor 安装完成后，要单独下载和安装该模块才能使用。Inventor 公差分析模块安装完成后，在【环境】选项卡中单击【公差分析】即可进入该功能模块，界面如图 8-1 所示。

图 8-1 【公差分析】模块

公差分析功能模块由四部分组成：

- 【叠加】：此部分命令用于创建叠加尺寸链，以进行公差分析。总共有三个命令，可用于创建叠加尺寸和公差，在尺寸链中添加对象或者添加偏移。
- 【报告】：此部分命令主要用于生成分析报告。总共有三个命令，可用于创建快照、查看快照和生成报告。
- 【数据】：此部分总共有两个命令，用于导入和导出标准方案。
- 【管理】：此部分只有一个命令，用于设置公差分析的各类参数、目标，以及进行模型设置等。

> 注意
>
> Inventor 公差分析是一款一维公差分析工具，该工具可报告单线性方向（例如 X 方向）上零件的公差叠加。通过分析，可以根据累积零件公差确定部件中的零件是否满足机械配合及性能要求。详细说明请参看官方介绍。

8.2.1 公差分析设置

单击【环境】/【公差分析】，进入【公差分析】环境。在【公差分析】选项卡的【管理】面板上，单击【设置】以打开对话框，然后指定适当的默认公差，如图 8-2 所示。

1. 【默认公差】选项

以公制和英制单位系统来指定默认值。

如果装配中的零部件使用的测量单位不同，则公差将转换为该零部件中测量单位的等效值。例如，如果叠加中的某个零件使用 cm，而【毫米】选项卡上的【线性尺寸标注】的默认公差为 0.1，则在零件中定义的任何线性尺寸标注将具有默认公差 0.01cm。

建议让公差分析模块使用在 CAD 文件中定义的单位来自动管理模型中的单位差异。对于线性标注和尺寸标注，将默认为对称公差（±）。

图 8-2　公差分析
设置界面

> ☀ /注意/　　设置默认公差时，请根据实际情况设置切实的值，不要随便设置，因为该公差将会作为默认公差分配给所有尺寸，如果随便设置，后续需要进行大量的手工更改。

2. 【默认目标质量（分析类型）】选项

该选项用于指定每个新叠加定义的分析的默认类型。

在定义每个叠加后，可以很方便地更改定义。因此，如果执行均方根法（RSS）或更常规的统计分析，仅更改此设置即可。各个分析类型的介绍如下：

- 最坏情况：又称极值法，是考虑零件尺寸最不利的情况，通过使用尺寸链中尺寸的最大值或最小值来计算目标尺寸的值。

- 均方根法（RSS）：RSS（Root-sum-squares）又称方和根法，即将一组统计数据平方求和，求其均值，再开平方。将尺寸链中各个尺寸公差的平方之和再开根即得到目标尺寸的公差。

- 统计：对于大量生产的产品，零部件因制程变异造成的误差常态呈正态分布，统计模式即透过控制变因与随机取样原理，模拟分析估算产品的尺寸公差趋势。其指标可以在【默认统计质量指标和值】中进行设置。

3. 【默认统计质量指标和值】选项

该选项指定最常用于统计分析的质量指标及关联的质量目标。

- 过程能力（Cpk）：Cpk 值 0.67、1.0、1.33、1.67 分别对应的是六西格玛水平的 2~5 水平等级，在六西格玛水平中，1、2、3、4、5 分别代表能力过小、不足、尚可、充足和过剩。

- Sigma（Σ）：西格玛值。

- 产率：可以称为良品率，可用来预测制造的预估质量。

- DPMO：每百万次采样的缺陷率，是针对每产百万件废弃多少组件的预测。

4. 【模型选项】选项

该选项用于设置模型相关的各个对象。

- 默认 Cp：类似上面的 Cpk，设置默认假设，该假设定义叠加中每个尺寸标注的统计分布。
- 标注比例、尺寸标注颜色和叠加标注颜色：定义模型和报告中使用的公差标注和尺寸标注的比例和颜色特性。

8.2.2 创建尺寸链及生成报告

下面通过对一个零件文件的公差链的分析来讲解如何使用公差分析工具来分配公差。用到的命令如图 8-3 所示。

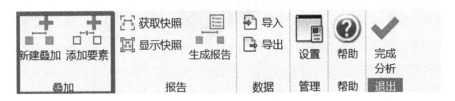

图 8-3 零件环境公差分析模块

分析目标：在图 8-4 所示案例中合理分配公差，以保证尺寸 790 的公差是 ±0.1。

该零件共有 850、790、30 和 30 四个轴向尺寸，其中尺寸 790 是部件装配的基准，为满足零件功能和装配能力的需要，尺寸 790 的公差是 ±0.1，因此我们需要分配公差给其余三个尺寸。

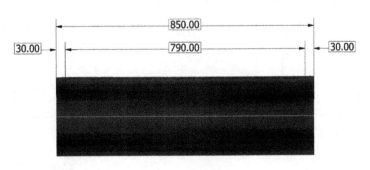

图 8-4 零件分析

操作步骤

步骤一：打开文件 "GD850 - A01 - TA. ipt"。

步骤二：单击【环境】选项卡上的【公差分析】，进入公差分析环境，如图 8-5所示。

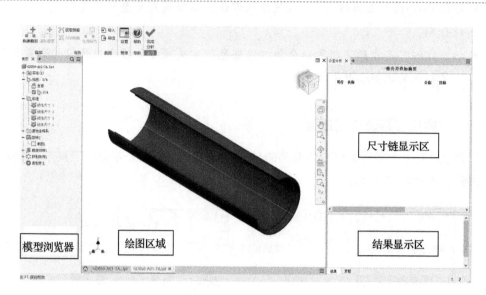

图 8-5　公差分析环境

进入公差分析环境后，除了已有的模型浏览器和绘图区域外，多了右侧两个区域，分别是尺寸链显示区和结果显示区。在建立尺寸链过程中建立的尺寸都会在尺寸链显示区显示，而且可在该区域调整公差。结果显示区会根据分析目标显示状态，例如最坏情况（极值法）等。

步骤三：单击【设置】，按图 8-6 所示的值和选项进行设置。

步骤四：单击【新建叠加】。如图 8-7 所示，依次选择尺寸面和标注放置平面，然后在空白区域单击以设置【尺寸标注位置】，最后单击【确定】 完成尺寸的添加。

图 8-6　公差分析设置

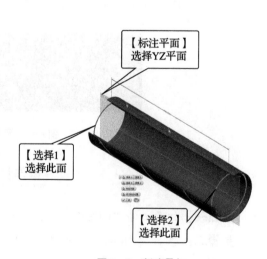

图 8-7　新建叠加

步骤五：单击【添加要素】，选择图8-8所示的平面，然后单击【确定】 完成尺寸的添加。

步骤六：单击【添加要素】，选择图8-9所示的平面，然后单击【确定】 完成尺寸的添加。

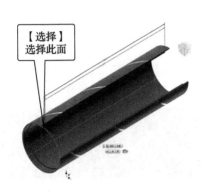
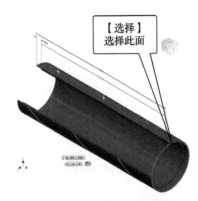

图8-8 添加要素　　　　　　　　　图8-9 新建叠加

步骤七：选择尺寸，然后按住鼠标左键拖拽尺寸至合适的位置，如图8-10所示。

步骤八：在尺寸链显示区的【目标（毫米）】中设置目标的公差。首先选择双侧对称公差【±】，然后输入值"0.1"，如图8-11所示。

从结果显示区来看，目前使用的是极值法的结果，余量很大，我们可以放大其他三个尺寸的公差。

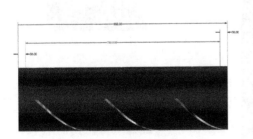
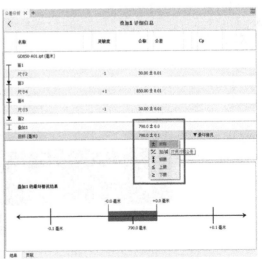

图8-10 调整尺寸位置　　　　　　图8-11 设置目标尺寸的公差

步骤九：在尺寸链显示区中将"尺寸2"和"尺寸5"的公差从0.01放大到0.02，将"尺寸4"的公差放大到0.06，如图8-12所示。

从结果显示区来看，目前使用极值法的公差状态是可以接受的。

步骤十：将模型和尺寸按图 8 - 13 所示进行设置，然后单击【获取快照】。

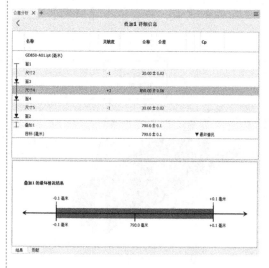

图 8 - 12　放大公差

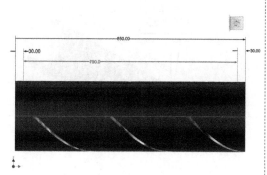

图 8 - 13　获取快照

步骤十一：单击【生成报告】，报告会自动生成并打开，如图 8 - 14 所示。

报告中包含模型、尺寸、摘要、叠加尺寸、公差设置、结果以及各个尺寸的贡献等。

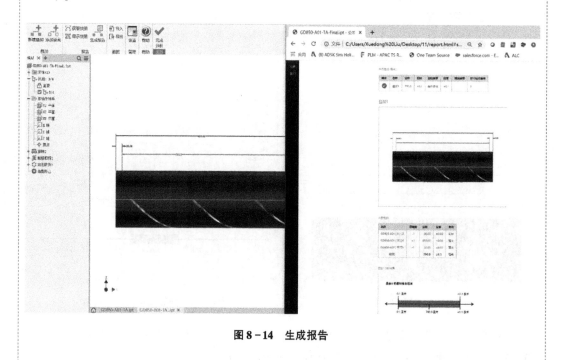

图 8 - 14　生成报告

8.3 Inventor 公差分析模块应用实践

视频二维码

8.3.1 零件公差分析应用实践

上一节我们以零件文件"GD850 – A01 – TA. ipt"为例,学习了完整的
零件公差分析流程,包括确定目标、新建叠加、添加要素、观察公差分析结果、收放公差
以及生成报告等。随书配套文件中的"GD850 – A01 – TA – Final. ipt"是完成文件,可以
用于查看和设置参数。通过该示例文件,对零件公差分析的关键事项总结如下:

- 公差分析的基本流程为:

- 确定目标是公差分析的关键。
- 对于小批量生产的一般零部件,推荐使用【最坏情况】(极值法),因为极值法设
  计的是一个正确值。

> ⚡ /注意/ 正确值更加利于设计意图的体现,有利于制造、装配、检验的沟通,
> 也比较容易进行质量管控。

- 每次开始设置公差分析时,一定要设置一个合理的默认公差,这会减少后期更改
  的工作量。

8.3.2 部件公差分析应用实践

下面通过对一个部件文件的公差链的分析来讲解如何使用公差分析工具分配公差。部
件环境的公差分析模块界面如图 8 – 15 所示,其比零件环境多了一个【添加偏移】命令,
这是考虑到装配环境有时需要预留装配间隙的需要。

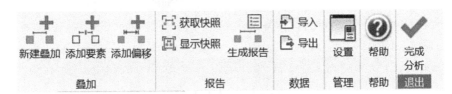

图 8 – 15　部件环境公差分析模块界面

分析目标：在图 8-16 所示的零部件中分配各个零件的公差，以保证装配后的整体尺寸 850 的公差是 ±0.2。

为满足零部件功能和装配能力的需要，整体尺寸 850 的公差要求是 ±0.2。在轴向方向上，该装配体总共有五个零件，其中 790 的公差是 ±0.1，那么其他四个零件在厚度方向的公差应该如何分配？

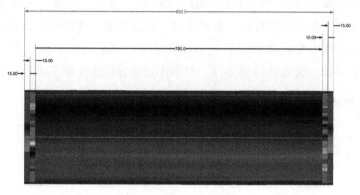

图 8-16　分析零部件

操作步骤

步骤一：打开文件"GD850 - A00 - TA. iam"。

步骤二：单击【环境】选项卡上的【公差分析】，进入公差分析环境，如图 8-17 所示。

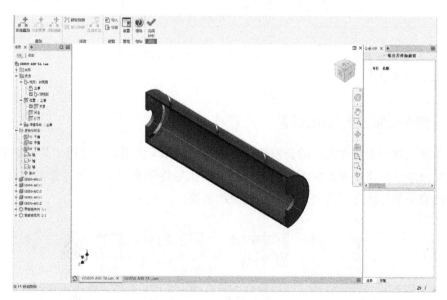

图 8-17　公差分析环境

步骤三：单击【设置】，按图 8-18 所示设置值和选项。

步骤四：单击【新建叠加】。如图 8 - 19 所示，依次选择尺寸面和标注放置平面，然后在空白区域单击以设置【尺寸标注位置】。

图 8 - 18　公差分析设置

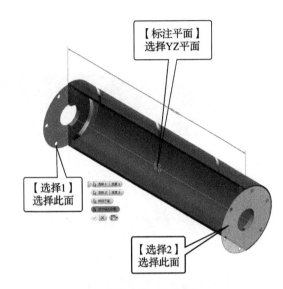

图 8 - 19　新建叠加

步骤五：如图 8 - 20 所示，软件已经自动找到了一条封闭的尺寸链，参与配合的有四个装配约束。单击【确定】 完成尺寸链设置。

图 8 - 20　自动找到尺寸链

步骤六：如图 8 - 21 所示，通过软件的智能功能，已经完成了尺寸链的创建，尺寸链完整且正确，可以直接用来进行公差的分配和设置。

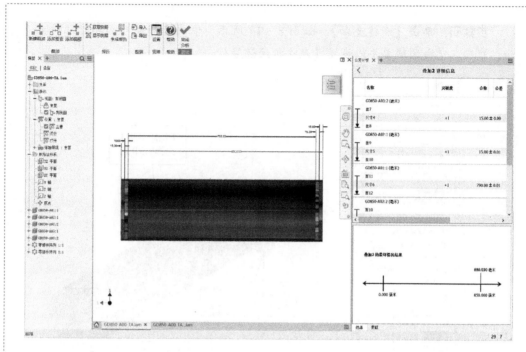

图 8 - 21   自动创建尺寸链

如果养成装配约束的正确使用方法和良好习惯，那么在做公差分析时会节省不少时间。一般来说，类似这种使用面面对齐约束完成的装配，软件可以自动找到尺寸链。但是很多时候，软件会找不到尺寸链或者找到的不是我们希望的尺寸链，这就需要借助手工操作来创建。下面通过手工选择来创建公差链。

步骤七：如图 8 - 22 所示，单击【后退】 $\boxed{<}$ 退出尺寸链。然后在"叠加 1"上单击鼠标右键，选择【删除】，如图 8 - 23 所示。

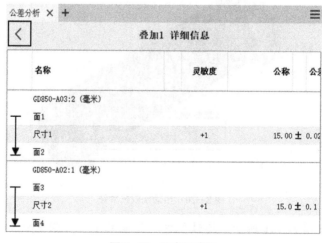

图 8 - 22   退出尺寸链

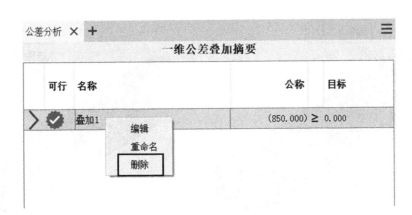

图8-23 删除尺寸链

步骤八：单击【新建叠加】。如图8-24示，依次选择尺寸面和标注放置平面，然后在空白区域单击以设置【尺寸标注位置】。

步骤九：单击【选择】来手工创建尺寸链，如图8-25所示。

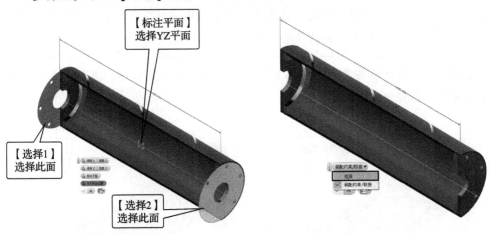

图8-24 新建叠加   图8-25 手工创建尺寸链

步骤十：选择参与尺寸链的零件，如图8-26所示。

> ☀/注意/ 我们选择的第一个尺寸面所在的零件已经被自动选中，作为参与该尺寸链的第一个零件。此步骤选中的零件为第二个零件，选中的零件会变成透明状态。

步骤十一：选择参与尺寸链的第三个零件，如图8-27所示。

> ☀/注意/ 上一步操作中选中的零件会变成透明状态。

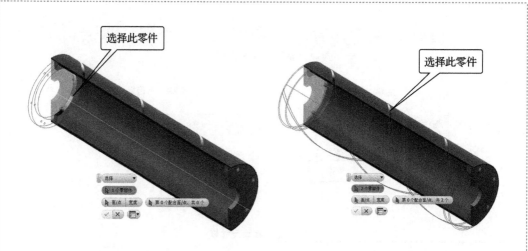

图 8-26 选择零件 1　　　　　　　　图 8-27 选择零件 2

步骤十二：选择参与尺寸链的第四个零件，如图 8-28 所示。

> **注意**　上一步操作中选中的零件会继续变成透明状态，而且前面已经选中的所有零件都是透明的。

步骤十三：选择参与尺寸链的第五个零件，如图 8-29 所示。至此，参与尺寸链的所有零件已经被全部选中。

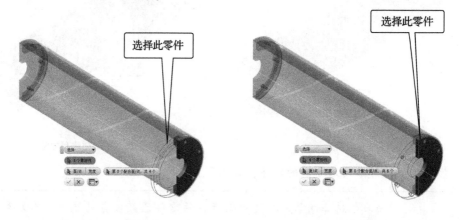

图 8-28 选择零件 3　　　　　　　　图 8-29 选择零件 4

步骤十四：共有八个配合面，现在选择第一个配合面。选择实体显示零件的内侧平面，如图 8-30 所示。

步骤十五：选择第二个配合面。选择实体显示零件的外侧平面，如图 8-31 所示，此面和上一步选中的面是相邻的。

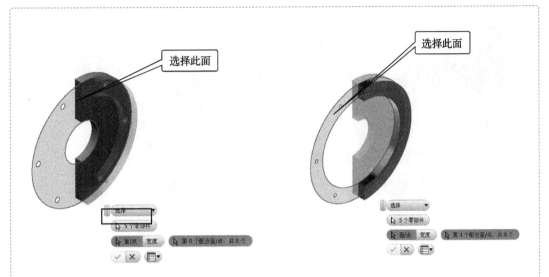

图 8-30　选择配合面 1　　　　　　　图 8-31　选择配合面 2

步骤十六：选择第三个配合面。选择实体显示零件的内侧平面，如图 8-32 所示。

步骤十七：选择第四个配合面。选择实体显示零件的内侧平面，如图 8-33 所示。

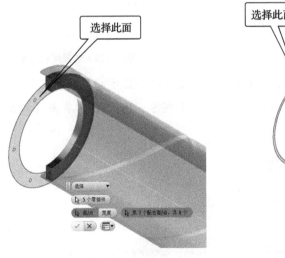

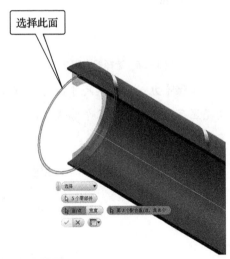

图 8-32　选择配合面 3　　　　　　　图 8-33　选择配合面 4

步骤十八：选择第五到第八个配合面，如图 8-34～图 8-37 所示。

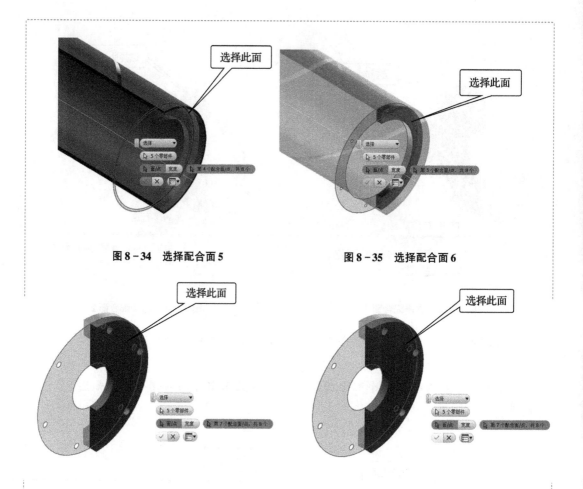

图 8 - 34　选择配合面 5　　　　　　　　　图 8 - 35　选择配合面 6

图 8 - 36　选择配合面 7　　　　　　　　　图 8 - 37　选择配合面 8

　　步骤十九：参与该尺寸链的所有零件都以透明状态显示，所有参与配合的面都高亮显示出来，总共五个零件、八个配合面，如图 8 - 38 所示。单击【确定】 ☑ 完成尺寸链的创建。

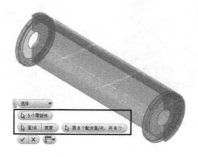

图 8 - 38　创建尺寸链

|注意| 至此，我们已经完成了尺寸链的创建。在手工创建的过程中，可以看到软件提供了比较智能的零部件显示状态切换功能，无论选择参与的零件还是配合面都比较方便。但是需要注意的是，这需要在一个命令中连续进行多步操作，一气呵成，中间如果发生差错，需要从头开始。因此，这就要求我们对参与到尺寸链的零件和配合面了然于胸，这样才能避免重复操作。

步骤二十：尺寸链已经创建完成，但是尺寸的初始放置或许不是我们期望的。可以通过鼠标拖拽尺寸到合适的位置，如图 8-39 所示。

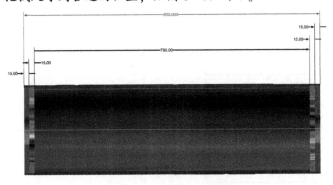

图8-39 调整尺寸位置

步骤二十一：如图 8-40 所示，在尺寸链显示区的【目标（毫米）】中设置目标的公差。首先选择双侧对称公差【±】，然后输入值"0.2"。

从结果显示区来看，目前使用的是极值法的结果，余量很大，可以放大其他三个尺寸的公差。

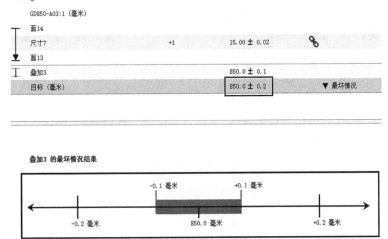

图8-40 设置目标尺寸的公差

步骤二十二：在尺寸链显示区的下方，切换到【贡献】选项卡。在这里可以看到每个尺寸对公差的贡献（也可以认为是影响），贡献最大的是"尺寸7"，其次是"尺寸8"和"尺寸9"，如图8-41所示。我们在分配或者调整公差时，要重点关注这些尺寸。

步骤二十三：将"尺寸9"（790）的公差修改为±0.1，然后将"尺寸7"和"尺寸8"的公差从±0.01放大到±0.02。

如图8-42所示，从结果显示区来看，目前使用极值法的公差状态是可以接受的。

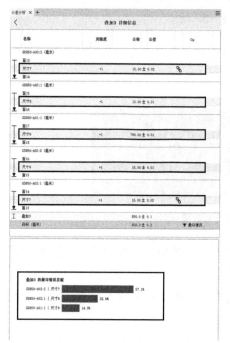

图8-41　查看尺寸贡献

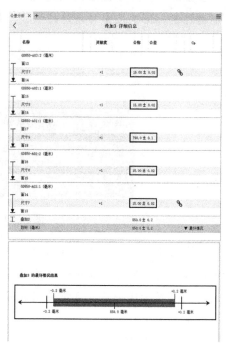

图8-42　放大公差

步骤二十四：如图8-43所示，将分析方法由【最坏情况】更改为【RSS】。

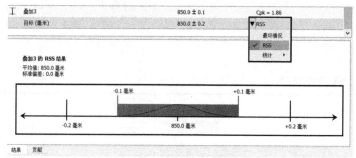

图8-43　修改公差分析方法

从结果显示区来看，其公差范围更大，我们可以继续放大公差；而且此时
Cpk＝1.86，接近1.67，代表生产能力极其优良，可继续保持。如果此产品是大批
量生产的话，根据 RSS 的公差分析法，我们可以继续放大公差。但考虑到此产品的
产量并不大，因此要根据最坏情况法（极值法）进行分析，确保每个产品都是正确
的即可，这样的话尺寸基本没有再放大的空间了。

步骤二十五：将模型和尺寸按图 8 - 44 所示进行放置，然后单击【获取快照】。

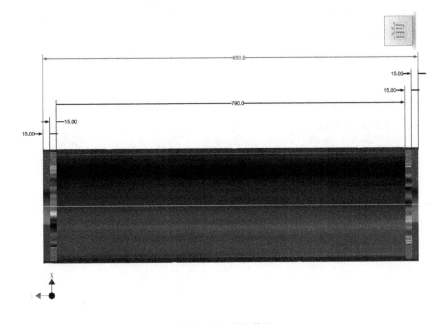

图 8 - 44　获取快照

步骤二十六：单击【生成报告】，报告会自动生成并打开，如图 8 - 45 所示。

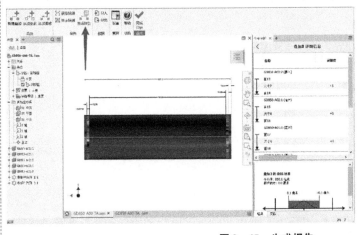

图 8 - 45　生成报告

重
要
提
醒

- 公差分析的基本流程如下：

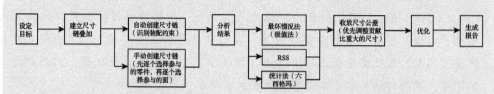

- 对于一般的小批量生产的零部件，推荐使用最坏情况法（极值法）进行公差分析，因为极值法设计的是一个正确值。但如果是批量生产的零部件，可以采用 RSS 以及统计法，进而优化公差。
- 为了方便进行公差分析，在零部件装配时，要规范装配约束的应用，尽量采用面面约束。
- 进行公差分析时，如果要手工建立尺寸链，首先需要熟悉参与的零件和装配面，从而减少错误。

第9章 钣金件设计实践

Chapter Nine

1）熟悉 Inventor 钣金设计模块的工作流程。

2）掌握 Inventor 常规钣金设计的应用。

　　本章将讲解 Inventor 钣金件设计模板的设置，以及钣金件设计时用到的相关功能命令。希望各位读者通过学习刮平定厚机中前防水板的筋板、把手、主板零件的相关设计能掌握钣金件常规设计的命令和流程，从而更好地用于实际工作。

9.1 钣金件模板

　　钣金件在我们日常生活中随处可见，如烟囱、铁桶、油桶、通风管道、不锈钢饭盒、手机壳、计算机机箱等，这些我们生活中不可缺少的东西都用到了金属板材。在钣金件加工中常用的加工工艺有剪、冲、切、折、铆接、拼接、冲压成型等，其显著的特征就是同一零件厚度一致。为了能顺利进行钣金件的设计，建议公司根据自身的实际情况预先定义企业自己的钣金件模板。

　　单击快速访问工具栏中的【新建】或单击【文件】/【新建】，也可单击【快速入门】/【启动】/【新建】，出现的【新建文件】对话框中的 "Sheet Metal. ipt" 就是默认的钣金件模板，如图 9 - 1 所示。钣金件模板是已预定义属性（包括材料、折弯释压、折弯半径、拐角释压、间隙值、冲压表达和展开规则）的模板，创建钣金零件是零件造型环境的扩展，其包含特定命令以支持创建钣金零件。钣金设计功能区的相关命令如图 9 -2 所示。

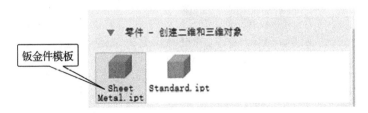

图 9 - 1　钣金件模板

图 9 - 2　钣金设计功能区

9.1.1　钣金设置

单击【钣金】/【设置】/【钣金默认设置】，出现【钣金默认设置】对话框，如图 9 - 3 所示，其中包含钣金规则、材料、展开规则等相关设置。

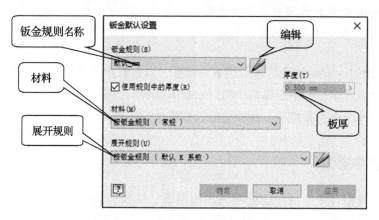

图 9 - 3　【钣金默认设置】对话框

- 【钣金规则】建议选用有意义且便于区分的名称，如用板厚 1mm、1.2mm 等来区分。
- 【材料】中列出了激活库中的所有材料，可进行材料的更换。可指定具体的材料，但更改材料后，即使在样式中设置了所用的材料，此处也不会跟着变化，如图 9 - 4 所示。若选择【按钣金规则】，则在样式中更改材料后，【材料】处会跟着变化，如图 9 - 5 所示。

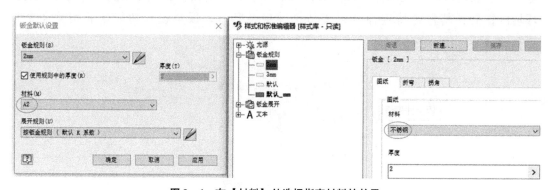

图 9 - 4　在【材料】处选择指定材料的效果

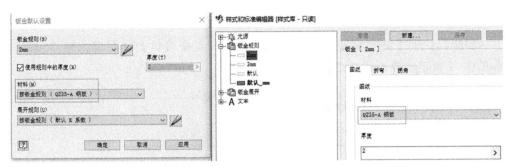

图9-5 在【材料】处选择钣金规则的效果

> ☼ /**注意**/ 本文中将【材料】设置为默认的【按钣金规则】。

- 【展开规则】与【样式和标准编辑器】中的过滤器设置有关。
- 如指定与钣金规则值不同的钣厚，需取消勾选【使用规则中的厚度】复选框，同时【厚度】会激活，可在此输入需要的厚度。

9.1.2 钣金样式设置

要编辑或创建钣金规则，可单击相应字段旁边的【编辑】 ✎ 图标，打开【样式和标准编辑器】。【样式和标准编辑器】中的【钣金】编辑面板上包含【图纸】、【折弯】、【拐角】三个选项卡。

1.【图纸】选项卡

用于定义材料、厚度、展开模式折弯角度等选项。新建公司常用的钣金厚度样式的操作步骤如下。

--- 操作步骤 ---

步骤一：在【样式和标准编辑器】中单击【新建...】，如图9-6所示。

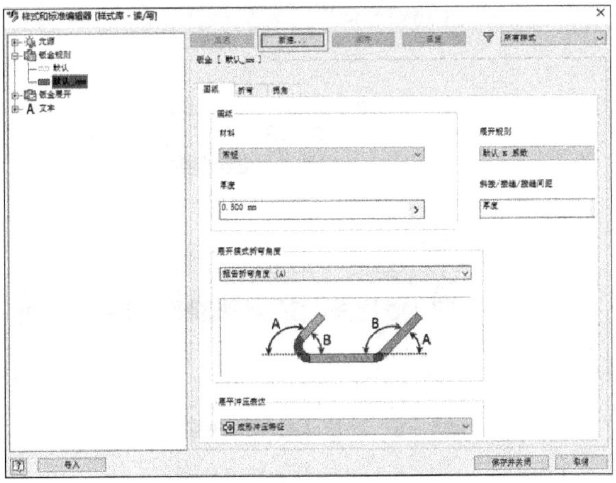

图9-6 样式和标准编辑器

步骤二：在【新建本地样式】对话框中输入需要的钣金件厚度，如"2mm"，如图9-7所示，单击【确定】。

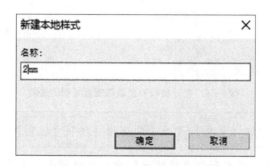

图9-7 【新建本地样式】对话框

步骤三：选择钣金的材料，指定冲压工具在展开时的表达方式，如图9-8所示。

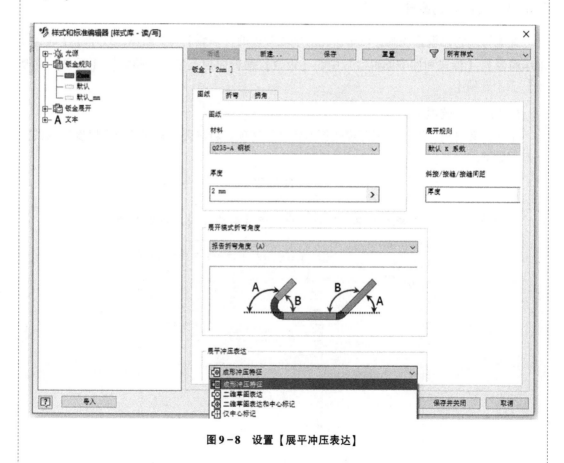

图9-8 设置【展平冲压表达】

2.【折弯】选项卡

折弯是钣金工件上常用的工艺，需根据公司目前的钣金设备和工艺条件进行设置，以便于建模过程中能够自动处理相关的结构。相关参数如图 9-9 所示。

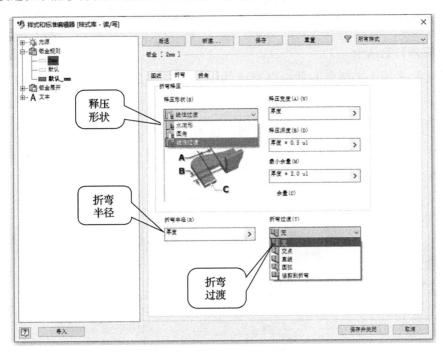

图 9-9　【折弯】选项卡参数

（1）释压形状　当折弯部分没有贯穿基础板宽的时候，会根据钣金工艺要求自动创建折弯释压结构。Inventor 提供了水滴形、圆角和线性过渡三种形状。

- 线性过渡定义的形状常用于手工环境，且通常由锯缝产生。一般在需要紧折弯以及使用特定材料时，会使用该形状。
- 圆角定义的形状通常用于激光切割工艺。

（2）折弯半径　折弯处内圆角的半径默认是钣金件的厚度，可根据加工设备进行调整。

（3）折弯过渡　定义折弯在展开模式中显示的条件，其包含五种模式：

- 无：根据几何图元，在选定折弯处相交的两个面的边之间会产生一条样条曲线。
- 交点：在与折弯特征的边相交的折弯区域的边上产生一条直线。
- 直线：从折弯区域的一条边到另一条边产生一条直线。
- 圆弧：需要输入圆弧半径值，并产生一条相应尺寸的圆弧。该圆弧与折弯特征的边相切且具有线性过渡。
- 修剪到折弯：在折叠模型中显示，产生到垂直于折弯特征的折弯区域的切割。

> ☼ /注意/　释压宽度、释压深度、最小余量和折弯半径要按加工设备来进行设置。

3.【拐角】选项卡

【拐角】选项卡中包含两种折弯交点的设置，分别是【2 折弯交点】和【3 折弯交点】。

- 2 折弯交点。其释压形状有圆形、圆形（相切）、圆形（顶点）、方形、方形（顶点）、水滴形、修剪到折弯、线状焊缝、圆弧焊缝、激光焊缝，如图 9 - 10 所示。

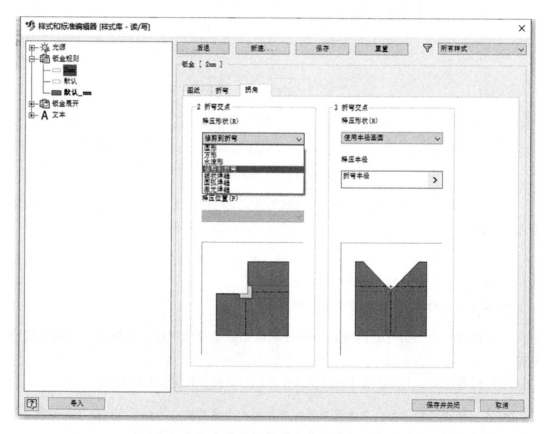

图 9 - 10　拐角 2 折弯交点

- 3 折弯交点。其释压形状有无替换、交点、全圆角、使用半径画圆，如图 9 - 11 所示。

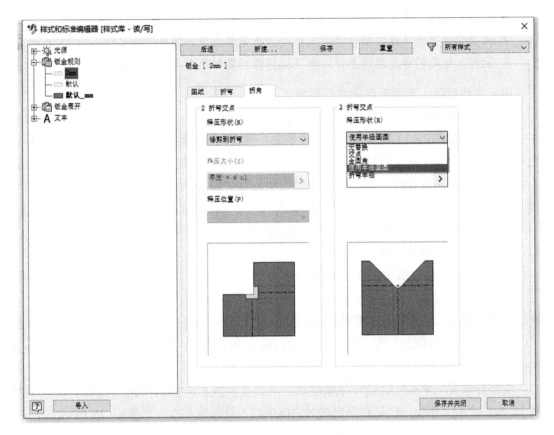

图9-11 拐角3折弯交点

9.1.3 钣金展开设置

在【样式和标准编辑器】中单击【默认 K 系数】，在右侧可编辑定义【展开方式】为【线性】、【折弯表】或【自定义表达式】，如图 9-12 所示。

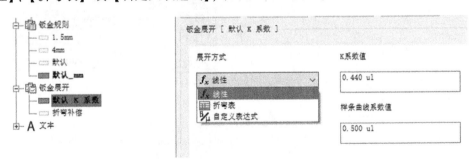

图9-12 【默认 K 系数】参数

钣金件折弯与展开时，材料的一侧会被拉长，另一侧会被压缩，其形状会受到材料类型、厚度、热处理及加工折弯的角度等因素的影响。将钣金件从折叠变为展平时，一般使用以下三种方法来估算此变形：

- 使用定义的 K 系数进行线性逼近。
- 使用在折弯表中获取的针对特定材料、折弯角度值和模具的测量值。
- 使用在指定的角度范围条件约束下提供统一变形的自定义表达式。

由于篇幅所限，下面重点介绍 K 系数。

K 系数是中性层到折弯内表面的距离与钣金厚度的比值，故 K 系数是一个大于 0 且小于 1 的常数，如图 9 - 13 所示。在折弯变形区，靠近内表面的材料会被压缩，而靠近外表面的材料会被拉伸。我们假设材料是一层一层叠加起来的，那么从压缩到拉伸，材料中必存在既不压缩也不拉伸的一层，这一层即为中性层。钣金的展开尺寸相当于中性层的宽度，即钣金展开尺寸 $L = L_1$ 段长度 + L_2 段长度 + L_{BA} 段圆弧（中性层在变形区的长度）。

K 系数与材料有关，实际工作中会经常用折弯扣除法来计算展开尺寸，即 $L = L_1 + L_2$ - 折弯扣除，常用的折弯扣除如下：

碳钢、Q235A、铁板的折弯扣除 = 板厚 ×1.7。

铝板、铜板的折弯扣除 = 板厚 ×1.6。

不锈钢钢板的折弯扣除 = 板厚 ×1.8。

如果用 1mm 的 Q235A 板加工一件尺寸为 10mm 和 30mm 的角件，其展开尺寸为 10mm + 30mm - 1mm ×1.7 = 38.3mm。

调整好钣金规则和钣金展开等参数后，单击【文件】／【另存为】／【保存副本为模板】，如图 9 - 14 所示，然后在弹出的对话框中输入模板的名称，如图 9 - 15 所示。

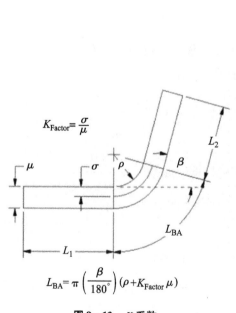

图 9 - 13 K 系数

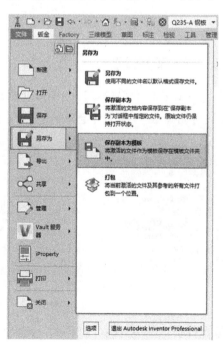

图 9 - 14 保存副本为模板

视频二维码

图 9 - 15 输入文件名

9.2 钣金设计

本文以刮平定厚机的前防水板（见图 9 - 16）为示例介绍钣金设计中常用的相关操作，其中涉及左右筋板、把手、主板钣金零件，主要用到钣金设计中常用的平板、异形板、凸缘、倒角命令。

> ☼ /注意/ 绘制的零件要注意保存，后续操作会用到相关的零部件。

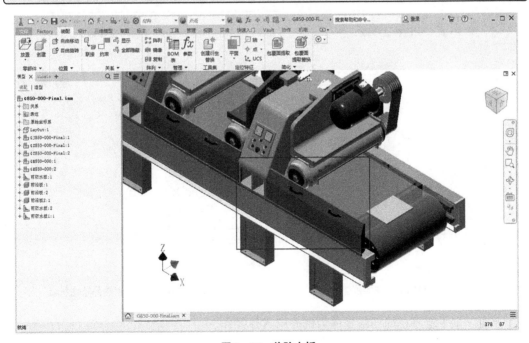

图 9 - 16 前防水板

9.2.1 草图特征

钡金的第一个特征通常是草图特征，即必须新建草图后才能创建其他特征。通过 Inventor 的草图能创建平板、异形板、钣金放样、轮廓旋转和折叠特征。

1. 创建平板

给封闭的草图添加厚度可创建平板，平板特征的参数如图 9 - 17 所示。对于随后创建的钣金平板，如果截面轮廓中的一条直线与现有钣金的边重合，则会自动创建一个折弯，草图的形状以及新钣金平板与现有钣金平板之间的任何折弯或接缝都可以控制形状。继续创建平板特征，参数如图 9 - 18 所示。根据需求，折弯处有与侧面对齐的延伸折弯（延伸第一块平板）和与侧面垂直的延伸折弯（延伸第二块平板），如图 9 - 19 和图 9 - 20 所示。

图 9 - 17　平板特征参数 1　　　　　　　　图 9 - 18　平板特征参数 2

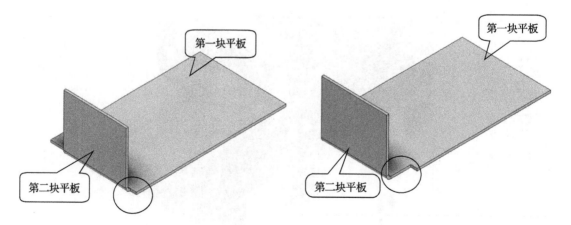

图 9 - 19　与侧面对齐的延伸折弯　　　　　图 9 - 20　与侧面垂直的延伸折弯

下面以刮平定厚机的筋板零件为例介绍具体操作。

操作步骤

步骤一：新建钣金零件，选择前面做好的"钣金.ipt"模板，单击【钣金】/【设置】/【钣金默认设置】，选择1.5mm的钣金规则，如图9-21所示。

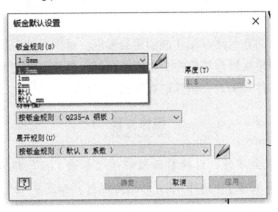

图9-21　1.5mm的钣金规则

步骤二：单击【钣金】/【草图】/【开始创建二维草图】或单击【草图】/【草图】/【开始创建二维草图】，绘图区域会出现三维坐标系，选择一个工作平面，绘制图9-22所示草图。也可直接打开随书配套文件中的"筋板01.ipt"零件。

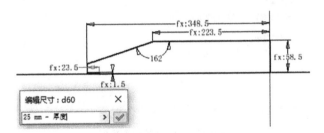

图9-22　筋板草图

步骤三：单击【钣金】/【创建】/【面】，进行图9-23所示设置，保存为"筋板.ipt"。

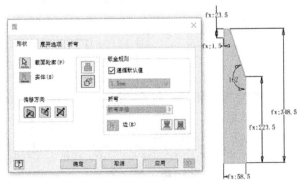

图9-23　创建平板

注意	• 仅当存在未使用的封闭截面轮廓草图时，才能使用【面】命令。 • 【折弯】和【边】选项对于基础特征不可用。

2. 创建异形板

没有使用的或共享的非封闭草图才能创建异形板。草图由线、圆弧、样条曲线和椭圆弧组成，草图中的尖拐角在钣金零件中会生成符合钣金样式的折弯半径值的折弯。下面以刮平定厚机中的把手零件为例来介绍异形板的相关操作。

―――――――――― 操作步骤 ――――――――――

步骤一：新建钣金零件，选择前面做好的"钣金.ipt"模板，单击【钣金】/【设置】/【钣金默认设置】，选择4mm的钣金规则，如图9-24所示。

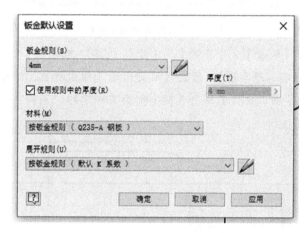

图9-24　4mm 的钣金规则

步骤二：单击【钣金】/【草图】/【开始创建二维草图】或单击【草图】/【草图】/【开始创建二维草图】，绘图区域会出现三维坐标系，选择一个工作平面，绘制图9-25所示草图。也可直接打开随书配套文件中的"把手01.ipt"零件。

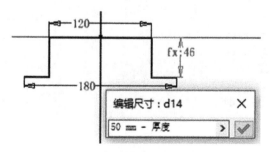

图9-25　把手草图

步骤三：单击【钣金】/【创建】/【异形板】，调整相关的参数，如图 9 - 26 所示。单击【确定】后保存文件，按公司规定的命名规则定义名称，本例中取名为 "把手"，模型如图 9 - 27 所示。

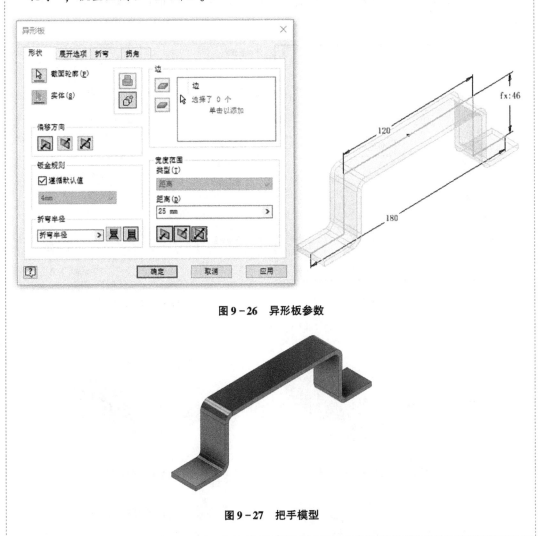

图 9 - 26　异形板参数

图 9 - 27　把手模型

> ☀️ /**注意**/
> - 仅当钣金零件中存在未使用的非封闭草图时，才能使用【异形板】命令。
> - 一个钣金零件有且只能有一个异形板。

3. 创建钣金放样

钣金放样中的草图可表示钣金材料的内侧或外侧，也可表示材料的中间面。通常情况下，封闭的草图可定义过渡形状的两端，一般用于弯头、天圆地方、通风管盖等形状。通过添加接缝特征，可在展开时使用封闭的草图创建钣金放样特征。

　　单击【钣金】/【创建】/【钣金放样】,【钣金放样】对话框的【输出】选项中有冲压成型（见图 9 - 28）和折弯成型（见图 9 - 29）两种类型。冲压成型是两个草图创建一个平滑的冲压成型过渡形状,如图 9 - 30 所示。折弯成型是两个草图平面和圆柱折弯面创建过渡形状,如图 9 - 31 所示,同时【面控制】选项将会激活,其参数控制如图 9 - 32 所示。

图 9 - 28　冲压成型

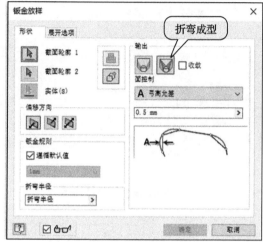

图 9 - 29　折弯成型

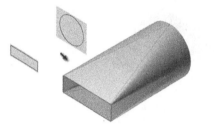

图 9 - 30　冲压成型效果

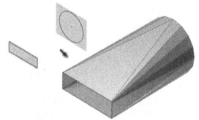

图 9 - 31　折弯成型效果

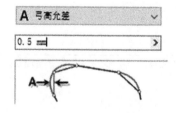

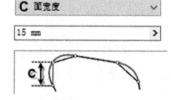

图 9 - 32　【面控制】的参数

4. 创建轮廓旋转

　　轮廓旋转特征是通过旋转由线、圆弧、样条曲线和椭圆弧组成的草图创建的特征。单击【钣金】/【创建】/【轮廓旋转】,弹出的对话框如图 9 - 33 所示。

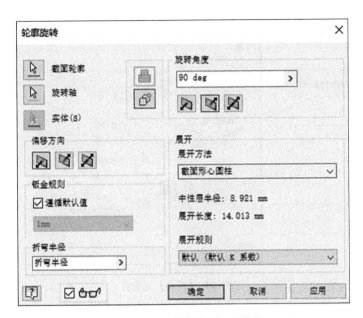

图9-33 【轮廓旋转】对话框

【展开方法】用于指定展开轮廓的旋转特征，这些方法都可衍生展开长度。【展开方法】相关参数如图9-34所示。

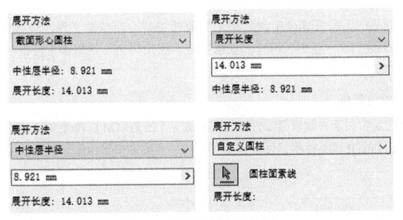

图9-34 【展开方法】相关参数

> ☀ /注意/
> ● 旋转轴几何图元必须位于包含截面轮廓几何图元的草图内。
> ● 单条直线的草图可以旋转360°，多段草图角度值不能等于360°。

5. 创建折叠

折叠是在钣金平板中沿终止于平板的边的草图线来翻折钣金。单击【钣金】/【创建】/【折叠】，弹出的对话框如图9-35所示。

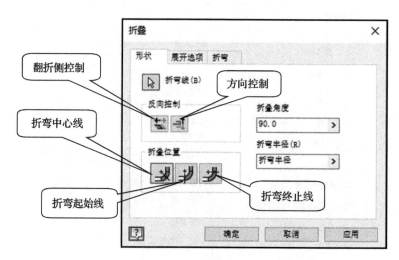

图 9-35 【折叠】对话框

注意 折弯线端点必须位于板的边界上才能折叠。

9.2.2 放置特征

放置特征是指不需要通过绘制草图来生成的特征，而是基于现有钣金结构的特征。Inventor 可以创建凸缘、卷边、折弯、拐角接缝、拐角圆角、拐角倒角特征。本文主要介绍筋板零件用到的放置特征。

1. 创建拐角倒角

拐角倒角通常用于去除钣金零件的锐利拐角。【拐角倒角】命令允许使用以下控制方式创建倒角，如图 9-36 所示，可为钣金零件的一个或多个拐角添加倒角。

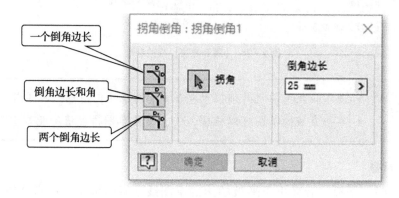

图 9-36 拐角倒角参数

操作步骤

步骤一：打开前面保存的"筋板.ipt"，另存为"左筋板.ipt"。

步骤二：单击【钣金】/【修改】/【拐角倒角】，在【倒角边长】中输入"25mm"，如图9-37所示。

图9-37　设置【拐角倒角】

2. 创建凸缘

通过在某个面的边或回路上添加钣金平板和折弯来定义凸缘，可指定边、角度、半径和高度，同时可选择高度基准和折弯位置，如图9-38所示。

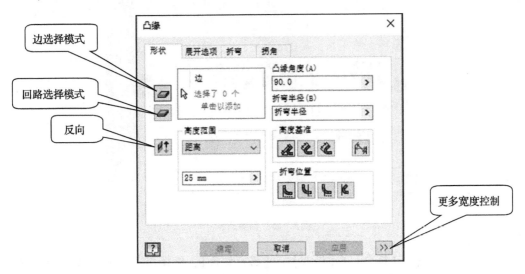

图9-38　【凸缘】对话框

选择 ≫ 图标可进行更多控制，有【边】、【宽度】、【偏移量】和【从表面到表面】四种类型。在设置各个类型时钣金零件上会同时显示预览效果，各个选项的参数控制如图 9-39 所示。

- 【边】：在选定的边上创建卷边。
- 【宽度】：从面的边上的选定顶点、工作点、工作平面或平面的指定偏移量来创建指定宽度，还可以指定为选定边的中点的特定宽度。
- 【偏移量】：指定凸缘距离选定对象的偏移量，选定的对象可以是顶点、工作点、工作平面或者平面。
- 【从表面到表面】：从选定点或与选定边相交的平面开始和结束创建。

图 9-39 【宽度范围】参数

步骤三：单击【钣金】/【创建】/【凸缘】，选择边，输入高度"25mm"，如图 9-40 所示。

图 9-40 创建凸缘

步骤四：单击【钣金】/【修改】/【拐角倒角】，选择拐角（共四处），【倒角边长】选择【厚度】，如图 9-41 所示。结果如图 9-42 所示。

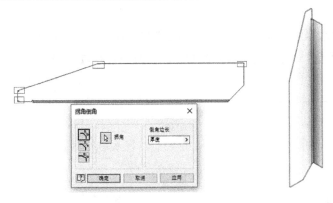

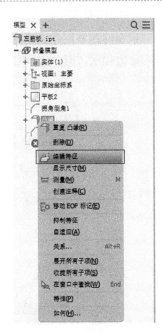

图9-41 拐角倒角   图9-42 左筋板

步骤五：右筋板与左筋板是对称结构，在左筋板模型浏览器中选择"凸缘"，单击右键，选择【编辑特征】，如图9-43所示。

步骤六：在【凸缘】对话框中，在图9-44所示位置按<Delete>键删除前面的边，重新选取需要做凸缘的边，单击【确定】。

图9-43 编辑特征

步骤七：单击【文件】/【另存为】/【保存副本为】，完成右筋板的创建，如图9-45所示。

图9-44 编辑边   图9-45 右筋板

3. 创建卷边

钣金件通常用卷边来保证刚度或消除锐边。Inventor 中可创建单层卷边、双层卷边、滚边形卷边和水滴形卷边，单击【钣金】／【创建】／【卷边】，【卷边】对话框如图 9 - 46 所示。

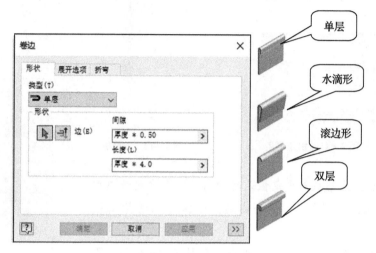

图 9 - 46 【卷边】对话框

9.2.3 钣金展开

钣金展开是钣金设计中很重要的一环，钣金展开将直接影响钣金的下料和加工。钣金展开主要涉及折弯角度、内折弯半径和厚度三个变量。Inventor 钣金认为折弯区厚度是均匀的，且钣金折弯半径指折弯的内折弯半径，折弯角度指折弯基板的延长面与折弯面的夹角。钣金展开不仅可以展开钣金特征，同时还能展开非钣金特征，但折弯必须基于圆柱、圆锥及样条曲线。下面以展开左筋板零件为例进行讲解。

操作步骤

步骤一： 打开前面做好的"左筋板"零件。

步骤二： 单击【钣金】／【展开模式】／【定义 A 面】，如图 9 - 47 所示。

创建展开模式之前要定义 A 面，或者选择要从其展开的面。A 面将标记选定面为向上，其同时也是冲压操作的向上方向。A 面将作为基础面来展开零件。如果从仅使用圆锥或圆柱特征创建后转换为钣金的零件创建展开模式，需先选择弯曲面。

创建展开模式时，可以使用功能区上的【定义 A 面】命令将钣金零件中的任何面标记为"向上"。A 面会高亮显示以指示冲压方向。如果创建展开模式时未显示 A 面，软件将创建 A 面，并在模型浏览器中添加条目。

只要不存在展开模式，即可删除 A 面。展开模式方向的修改将反映在选择模型浏览器节点时高亮显示的 A 面上。如果更改导致计算 A 面失败，可在 A 面模型浏览器节点上单击鼠标右键，然后选择【重复定义 A 面】，这会在模型浏览器中产生新的 A 面节点，如图 9 - 48 所示。

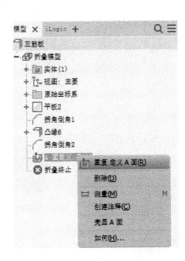

图 9－47　定义 A 面　　　　图 9－48　重复定义 A 面

步骤三：单击【钣金】/【展开模式】/【创建展开模式】，模型如图 9－49
所示。

图 9－49　钣金展开模式

步骤四：模型浏览器中出现了"展开模式"节
点，当该节点处于激活状态时，将显示模型的展开
状态。创建展开模式后，可以在"折叠模型"状态
和"展开模式"状态之间进行切换，如图 9－50
所示。

步骤五：激活展开模式后，在模型浏览器中的
"展开模式"节点上单击鼠标右键，然后选择【编
辑展开模式定义】，如图 9－51 所示。

步骤六：在图 9－52 所示对话框中重定义展开
方向。对齐指示器中的红色箭头表示水平方向（X
轴），绿色箭头表示竖直方向（Y 轴）。选择【水平
对齐】后，红色箭头将变长。选择【竖直对齐】
后，绿色箭头将变长。当选择【对齐】和【反向】时，可参考这两个箭头。

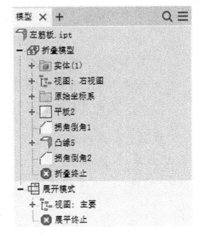

图 9－50　切换展开模式

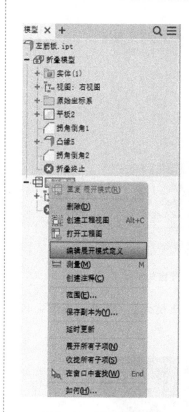

图 9-51 展开模式编辑

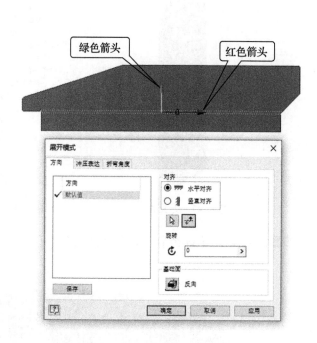

图 9-52 【展开模式】对话框

- 若要重定向默认展开模式，请选择【水平对齐】或【竖直对齐】，然后在绘图区域中选择展开模式上的直边或者两个点。
- 若要添加命名的展开模式方向，请在【方向】框中的【默认值】（或其他命名的方向）上单击鼠标右键，选择【新建】，然后在【方向名称】对话框中输入名称，单击【确定】。
- 若要删除或重命名展开模式方向，请在【方向】框中的方向上单击鼠标右键，选择【删除】或【重命名】，然后单击【保存】。

步骤七：在模型浏览器中的"展开模式"节点上单击鼠标右键，选择【范围】，如图 9-53 所示，可看到该钣金件的展开长度、宽度及面积。

范围用于定义展开模式所需的最大长度和宽度。每次编辑或重定向展开模式时，展开模式范围都会进行更新。

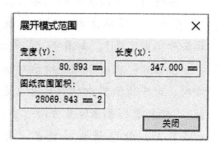

图 9-53 展开模式范围

步骤八：展开前面做的"把手.ipt"零件，如图9-54所示。

图9-54 把手展开

步骤九：单击【展开模式】/【管理】/【折弯顺序标注】，折弯顺序图示符将会显示，如图9-55所示。

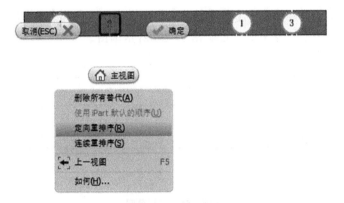

图9-55 折弯顺序

在钣金件加工过程中，一般按照顺序来创建物理折弯。在模型的展开模式状态显示时，可定义该折弯的排序，定义之后，可将该折弯顺序提取到冲压工程图上的折弯表标注中。

包含顺序编号的有色图示符指示了模型展平状态的折弯顺序。同一种颜色的圆形图示符表示折弯保留了默认顺序。另一种颜色的方形图示符表示折弯进行了编辑。激活的颜色结构决定了使用的颜色。

折弯可以以三种方式重排序：

- 定向重排序：选择起始位置和结束位置，未选中的折弯将进行顺序调整。
- 连续重排序：选择要更改的初始折弯中心线，然后对剩余的图示符重新编号，进行顺序选择，直到新顺序排列完成。
- 单独编辑：选择和更改特定的折弯中心线图示符。

> ☼ /注意/
> - 【展开】命令要求零件文件中含有单个实体。
> - 如果零件文件包含多个实体，请使用【生成零部件】和【生成零件】命令将实体导出为唯一的零件文件，然后打开新的零件文件来展开零件。

9.2.4 前防水板组件实践

刮平定厚机的前防水板实际上是一个组件，前面完成的把手、左筋板、右筋板零件是其中的零件。下面继续创建前防水板中的主板零件，并对其进行装配。

操作步骤

步骤一：新建钣金零件，选择"钣金 .ipt"，单击【钣金】/【设置】/【钣金默认设置】，选择1.5mm的钣金规则。

步骤二：单击【钣金】/【草图】/【开始创建二维草图】，绘图区域会出现三维坐标系，选择一个工作平面，绘制图9-56所示草图。

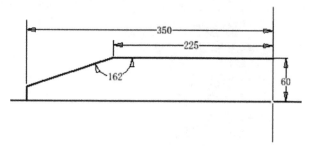

图9-56 主板草图

步骤三：单击【钣金】/【创建】/【异形板】，设置相关参数，如图9-57所示。

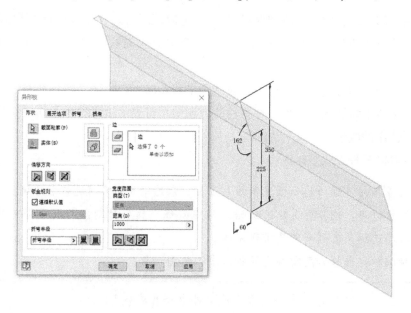

图9-57 异形板参数

步骤四：单击【钣金】/【创建】/【凸缘】，设置相关参数，如图9-58~图9-60所示。结果如图9-61所示。

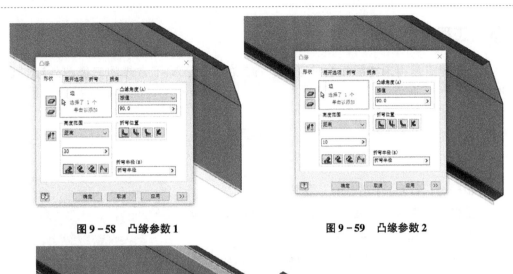

图 9-58　凸缘参数 1　　　　　　　　　　图 9-59　凸缘参数 2

图 9-60　凸缘参数 3　　　　　　　　　　图 9-61　主板

步骤五：新建"部件.iam"。

步骤六：单击【装配】/【零部件】/【放置】，使用前面做好的主板、左右筋板、把手进行装配，保存为"前防水板.iam"，结果如图 9-62 所示。

- 主板零件与坐标原点重合。
- 左筋板、右筋板零件分别安装在主板的两端。
- 把手零件贴合在主板零件的斜面上，把手中心距离主板端面 200mm，距离主板顶部 60mm，两个把手中心的距离为 600mm。

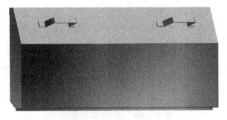

图 9-62　前防水板组件

9.3 工程图

钣金工程图是用来指导钣金件下料、加工的文件，除了常规的三视图外还包含展开图。

操作步骤

步骤一：打开"把手.ipt"零件。

步骤二：在模型浏览器中右键单击"把手"，选择【创建工程视图】，如图9-63所示。

步骤三：选择工程图的模板，确定主视图的方向、显示样式、视图比例等信息，可自定义视图方向，如图9-64所示。

步骤四：在合适的位置放置视图，如图9-65所示。

步骤五：添加展开视图，如图9-66所示。完成的视图如图9-67所示。

图9-63　创建工程视图

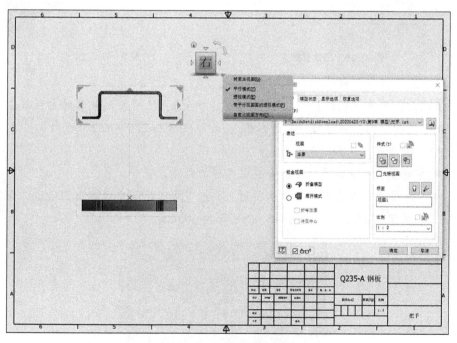

图9-64　自定义视图方向

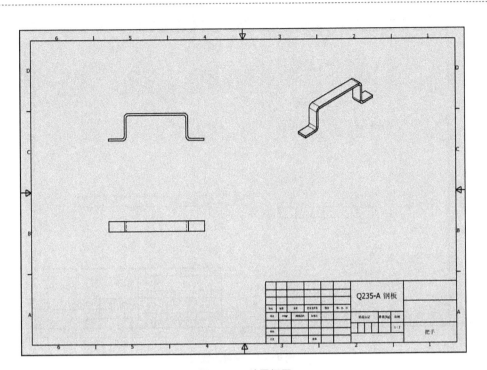

图 9 - 65 放置视图

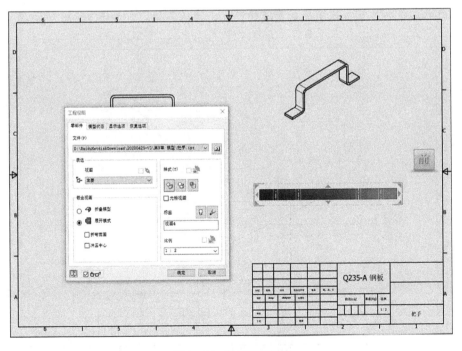

图 9 - 66 添加展开视图

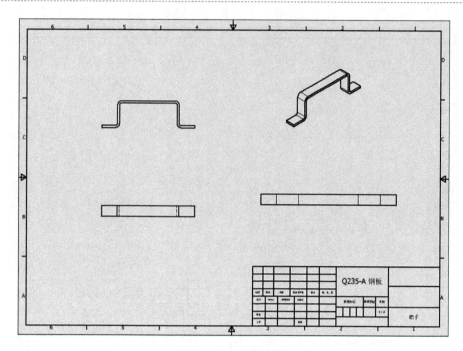

图 9 - 67 完成的视图

步骤六：根据实际需要，使用【标注】/【尺寸】和【标注】/【文本】等命令在图纸上添加尺寸、技术要求等注释部分，完成工程图，如图 9 - 68 所示。

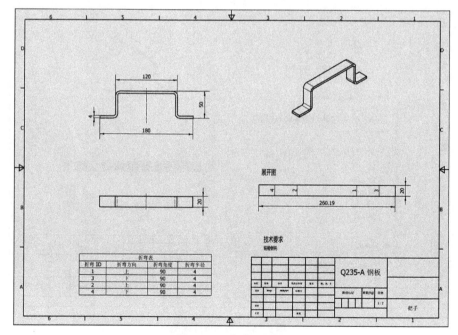

图 9 - 68 完成工程图

重要提醒

- 建议企业建立自己的钣金件模板，并在进行钣金设计时采用统一的模板。
- 厚度一致的零件可转成钣金件，需将控制钣金厚度的所有尺寸和参数值替换为"厚度"参数，如拉伸的【距离 A】的数值此时需改为"厚度"，其同样适用于第三方的零件数据。
- 箱柜类钣金件建议采用自上而下的方法进行设计。
- 冲压成型的冲压工具要在钣金环境下先做出实际需要的形状，然后提取 iFeature 后才能使用。

第10章 焊接件设计实践

Chapter Ten

视频二维码

1）熟悉 Inventor 焊接模块的工作流程。

2）掌握 Inventor 焊接设计在制造过程不同阶段的使用。

本章将讲解 Inventor 焊接件设计环境与常规装配件设计环境的区别，以及焊前准备、焊接设计、焊后加工阶段的功能命令。希望各位读者通过学习刮平定厚机中机腿的焊接能掌握焊接设计的命令和流程，从而更好地用于实际工作。

10.1 焊接件环境

焊接是实际生产中普遍使用的加工方法，按照工艺过程的特点分为熔焊、压焊和钎焊三大类，目前在 Inventor 中通过实体焊缝、示意焊缝来实现。Inventor 的焊接可以真实地贴近实际焊前倒坡口、实际焊接和焊后加工的不同阶段。除此之外，在 Inventor 中还可以设计并校核对接焊缝、角焊缝、塞焊缝、坡口焊缝和点焊缝，可对静态载荷和疲劳载荷进行对接焊缝和角焊缝校核，可选择所需的焊缝类型、焊缝的材料和尺寸、焊缝的设计几何参数，还可以执行强度校核。

从模型浏览器的图标和显示内容可看出普通装配（见图 10-1）和焊接模块（见图 10-2）的区别，焊接模块的模型浏览器增加了"准备""焊接"及"加工"这些内容。

图 10-1 普通装配的模型浏览器

图 10-2 焊接模块的模型浏览器

Inventor 的焊接模板默认是"Weldment. iam",新建模板后焊接模块的工作界面如图 10-3 所示。

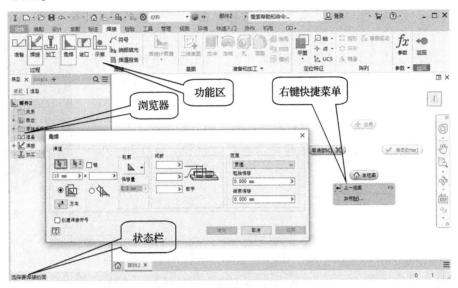

图 10-3　焊接模块工作界面

进入 Inventor 的焊接工作环境有两种方法,一是直接新建焊接环境,二是通过部件转换到焊接环境。两种方法的操作方法如下。

10.1.1　直接新建焊接环境

操作步骤

步骤一:在快速访问工具栏中单击【新建】 。

步骤二:在【新建文件】对话框中选择"Weldment. iam"模板,如图 10-4 所示。

步骤三:装配需要焊接的零部件,进行零部件装配等后续工作,焊接装配界面如图 10-5 所示。

图 10-4　选择模板

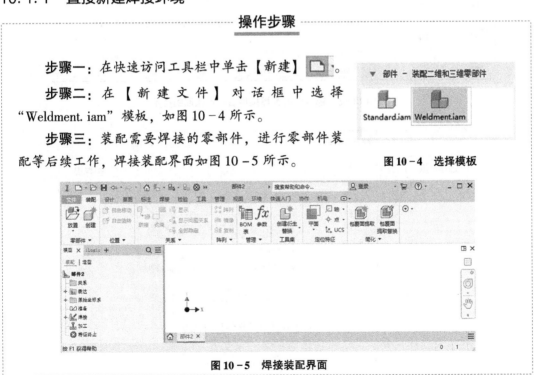

图 10-5　焊接装配界面

10.1.2 通过部件转换到焊接环境

—— 操作步骤 ——

步骤一：打开需要进行焊接的零部件，如图 10-6 所示。

步骤二：单击【环境】/【转换为焊接件】，如图 10-7 所示。

步骤三：弹出是否要继续的提示，如图 10-8 所示。

步骤四：根据实际需要选择标准和焊道材料，如图 10-9 所示。

图 10-6 打开零部件

图 10-7 【转换为焊接件】命令

图 10-8 部件转换为焊接件后不可撤回的提示

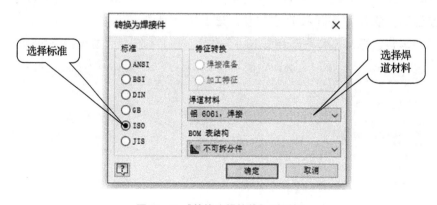

图 10-9 【转换为焊接件】对话框

> ☼ |注意| 部件转换为焊接件后是不可逆的，在 BOM 表中将自动变为不可拆分件。

10.2 焊接设计

焊接结构在实际生活中得到了广泛的应用。在进行焊接设计时，要确定焊接结构的材料、焊接方法、合理的接头及坡口形式、焊缝位置等。

10.2.1 焊接准备

焊接准备一般包含焊件的表面清理工作、开坡口、焊接接头的对位及相关设备材料的准备等，此处我们主要进行开坡口。坡口在普通情况下一般采用机加工方法来加工出需要的型面，要求不高时也可以采用气割。根据需要，主要有 X 形坡口、V 形坡口、U 形坡口等类型。

操作步骤

步骤一： 打开"GJ850 - B01. iam"文件，如图 10 - 10 所示。

步骤二： 单击【焊接】/【准备】或在模型浏览器中双击"准备"，此时与准备相关的命令将会高亮显示，如图 10 - 11 所示。

步骤三： 依据坡口的需要选择合适的命令，本例中选择【倒角】，如图 10 - 12 所示。

步骤四： 在【倒角】对话框中选择需要倒坡口的对象，在【倒角边长】中输入"5"，如图 10 - 13 所示。

图 10 - 10 "GJ850 - B01" 模型

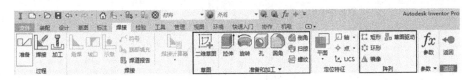

图 10 - 11 准备相关命令

图 10 - 12 【倒角】命令

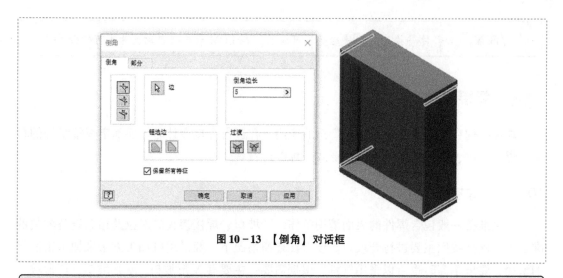

图 10-13　【倒角】对话框

- 【准备和加工】面板中的【拉伸】、【旋转】、【扫掠】命令只能去除材料。
- 准备中的对象只出现在焊接环境下，不会在焊接工件上体现。

注意

10.2.2　焊接设计方法

1. 坡口焊（对接焊缝）设计

操作步骤

步骤一：单击【焊接】/【焊接】或在模型浏览器中双击"焊接"，此时与焊接相关的命令将会高亮显示，如图 10-14 所示。

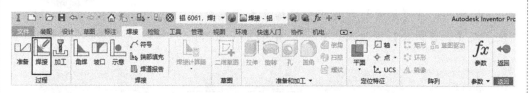

图 10-14　焊接相关命令

步骤二：单击【焊接】/【坡口】，如图 10-15 所示，弹出【坡口焊】对话框，如图 10-16 所示。

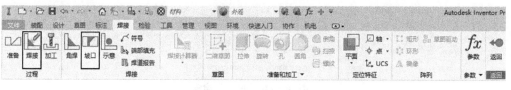

图 10-15　【坡口】命令

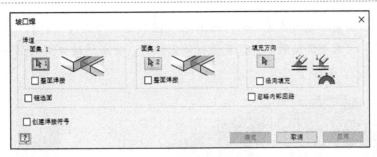

图 10-16 【坡口焊】对话框

1）选择坡口焊的面集。选择要使用坡口焊连接的两个面集，每个面集必须包含一个或多个连续的零件面。

2）选择坡口焊的面是否为整面焊接。指定焊道在两个面集中出现的方式，取消勾选【整面焊接】复选框可指定在较小的面集范围内终止焊道，勾选此复选框可指定延伸焊道以退化两个面集，如果面集 1 和面集 2 的长度不同，则焊道将延伸以配合这两个面集。

3）选择坡口焊的面是否为链选面。如果为链选面，则选择多个相切面。

4）选择坡口焊的填充方向。设置使用坡口焊道连接坡口焊面集时坡口焊面集的投影方向。若要定义填充方向，可以选择以下对象（当勾选【径向填充】复选框时，【填充方向】不可用）：

- 平面和工作平面（指定与选定面或平面成法向的方向）。
- 圆柱面、圆锥面或环形面（指定曲面轴的方向）。
- 工作轴。
- 零件边。
- 两点（工作轴、模型顶点）。

5）创建焊接符号。勾选【创建焊接符号】复选框可展开对话框以设置焊接符号参数。

步骤三：根据实际需要选择坡口焊工件的一个对象，选择完成后切换至【面集 2】，或者单击右键，选择【继续】，如图 10-17 所示，然后选择坡口焊工件的另一个对象。

图 10-17 选择对象

步骤四：指定焊道的填充方向，如图 10-18 所示，单击【应用】。

步骤五：对需要焊接的剩余位置进行相同操作。完成的坡口焊效果如图 10-19 所示。

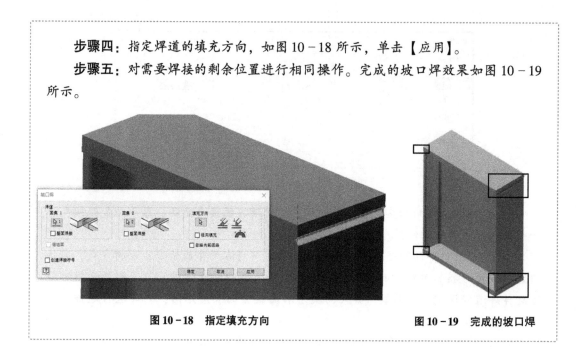

图 10-18　指定填充方向　　　　　图 10-19　完成的坡口焊

2. 角焊设计

单击【焊件】/【角焊】，【角焊】对话框如图 10-20 所示。

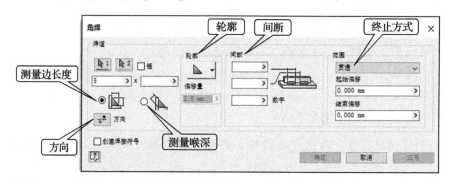

图 10-20　【角焊】对话框

1）测量边长度。角焊是基于边长度（高度和宽度）的，如果仅输入一个值，则表示边长相等，是常用的普通焊缝，焊脚是等腰直角三角形的边长。如果输入不同值，则表示角焊是在一侧焊脚处将焊缝宽度加宽 1.5 倍而成的。

2）测量喉深。角焊基于焊缝根部与面之间的距离，焊喉是等腰直角三角形斜边的高。

3）方向。更改偏移焊接的起始位置。

4）轮廓。指定【平直】、【外凸】或【内凹】焊道工艺形状以及偏移距离。

5）间断。指定焊缝是连续焊缝还是间断焊缝，其根据激活的标准会有所区别。

- ANSI 标准用于指定焊缝长度和焊缝中心之间的距离。

- ISO、BSI、DIN 和 GB 标准用于指定焊缝长度、焊缝间距和焊缝数。
- JIS 标准用于指定焊缝长度、焊缝中心之间的距离和焊缝数。

6）终止方式。确定角焊起始或结束的方式，角焊可终止于工作平面、平面，也可延伸穿过所有选定的几何图元，形成焊接。角焊的起始和结束位置也可以从模型边偏移。角焊的终止方式如下：

- 【贯通】：在指定方向上创建穿过所有选定几何图元的焊道。
- 【从表面到表面】：选择终止焊接特征的起始和终止面或平面。在焊接件中，面或平面可以位于其他零件上，但必须平行。
- 【起始－长度】：可创建用户指定偏移距离和固定长度的焊道。如果焊接不以某条边作为开始或结束，请使用【起始偏移】来指定后移距离。

操作步骤

步骤一：单击【焊接】/【角焊】，在【角焊】对话框中输入焊缝值，选择角焊焊接工件的一个对象，如图 10-21 所示。

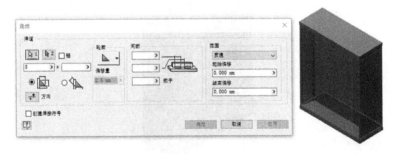

图 10-21 选择焊接对象 1

步骤二：选择完后切换至【2】 ，或者单击鼠标右键，选择【继续】，如图 10-22所示，然后选择角焊的第二个工件对象。

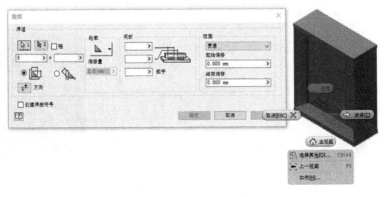

图 10-22 选择焊接对象 2

步骤三：根据实际情况选择是否需要链选。本例中勾选【链】复选框，如图 10 -23 所示。

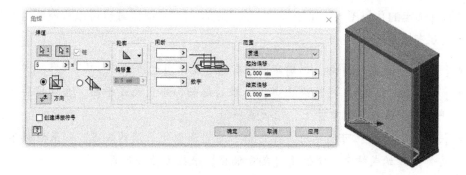

图 10 - 23　链选对象

步骤四：单击【应用】完成一处角焊，如图 10 - 24 所示。

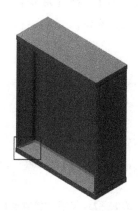

图 10 - 24　连续角焊缝

步骤五：某些情况下需要进行间断焊缝，此时需要填写间断焊缝的相关参数，如图 10 - 25 所示。

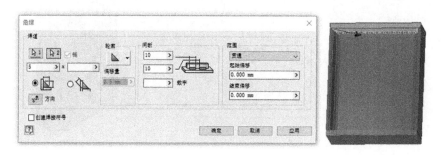

图 10 - 25　间断角焊缝

3. 示意焊缝

设计不需要进行干涉检查或不要求具有外观的实体焊道时，可对其进行示意焊缝的处理。它们的近似物理特性可以包含在质量特性中，【示意焊缝】对话框如图 10 - 26 所示。

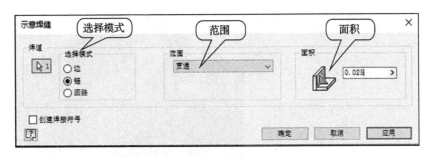

图 10 - 26　【示意焊缝】对话框

1）选择模式。设置示意焊道的选择模式。【边】是默认设置；【链】将自动选择相切的连续边；【回路】用于选择封闭回路。

2）范围。确定终止示意焊缝的方式。示意焊缝可以在工作平面上终止，也可以延伸穿过所有选定的几何图元，形成焊接。示意焊缝的终止方式如下：

- 【贯通】：在所有特征和草图的指定方向上创建焊接。
- 【从表面到表面】：选择终止焊接特征的起始和终止面或平面。在焊接件中，面或平面可以位于其他零件上，但必须平行。

3）面积。设置示意焊缝的截面积，以便计算示意焊缝的物理特性。

10.2.3　焊后加工

由于焊接的时候模型会有些变形，所以一些零部件为了保证工艺要求，要先焊接再进行加工处理。本书中刮平定厚机的机架、刮轮座、机腿的安装孔位都需要先焊接好进行退火处理，然后再进行机加工。

在 Inventor 中的焊后加工是指在焊后进行加工的特征，加工特征通常贯穿多个零部件。典型的加工特征包括拉伸切割和孔。

操作步骤

步骤一： 打开 "GJ850 - B01J. iam"。单击【加工】，如图 10 - 27 所示。激活加工组时，焊接件将向前滚动到该点，可随时添加部件特征。

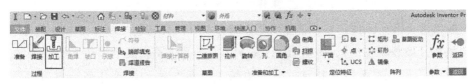

图 10 - 27　【加工】命令

步骤二：添加孔。单击【准备和加工】面板上的【孔】命令，创建距离短边 50mm，距离长边 25mm，直径为 18mm 的通孔，如图 10-28 所示。

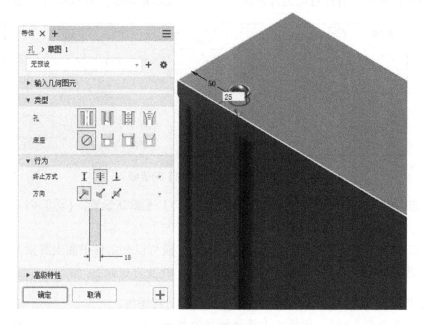

图 10-28　添加孔

步骤三：阵列孔。单击【阵列】面板上的【矩形】命令，阵列孔距设置为 "260" 和 "90"，如图 10-29 所示。

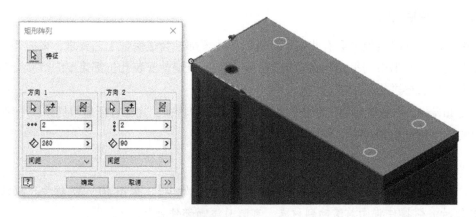

图 10-29　阵列孔

如果需要添加特征，可在模型浏览器的部件拉伸切割或孔特征上单击鼠标右键，然后选择【添加参与件】，如图 10-30a 所示。如果需要在某个零件上删除特征，可在模型浏览器中展开部件特征，然后右键单击参与件，选择【删除参与件】，如图 10-30b 所示。

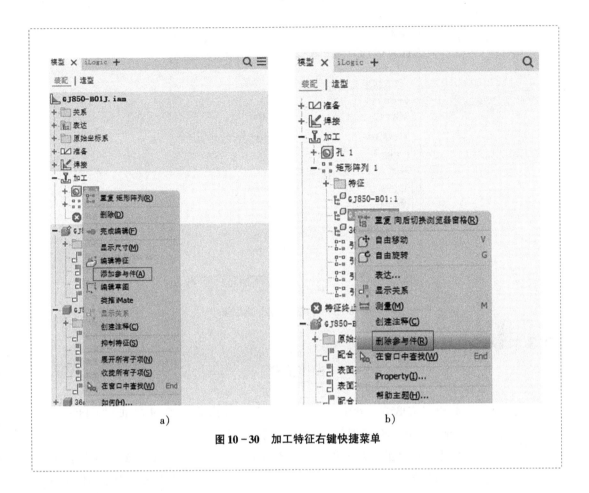

a)　　　　　　　　　　　b)

图 10-30　加工特征右键快捷菜单

10.3　焊接件工程图

焊接件通常需要焊接图和工件图才能进行焊接作业，同时需注明焊接标准、焊后的处理要求、焊接前的下料和加工以及热处理等。

焊接件有部件、加工、焊接和准备四种状态，在【工程视图】对话框的【模型状态】选项卡中可根据实际需要选择一种状态作为基础视图，如图 10-31 所示。

- 部件：出普通装配结构的工程图，选择的是普通装配结构的组件模型。
- 加工：出带有加工特征的工程图，选择的是带有加工特征结构的组件模型。
- 焊接：出带有焊道结构的工程图，选择的是带有焊接特征结构的组件模型。
- 准备：出带有坡口特征的工程图，选择的是带有坡口特征结构的零件模型。
- 模型焊接符号：如果焊接时使用了焊接符号，则勾选该复选框后模型焊接符号会与视图关联。
- 焊接标注：使模型焊接焊肉以及末端填充与视图关联。

图 10-31　【模型状态】选项卡

10.3.1　准备工程图

────── 操作步骤 ──────

　　步骤一：打开"GJ850 - B01F. iam"。在模型浏览器中右键单击"GJ850 - B01F. iam"，选择【创建工程视图】，如图 10-32 所示。

　　步骤二：在【工程视图】对话框中切换至【模型状态】选项卡，在【准备】下拉列表中会显示相关的零部件，分别选择各个零件作为基础视图，如图 10-33 所示。

图 10-32　【创建工程视图】命令

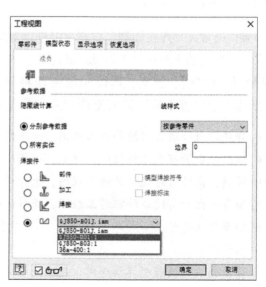

图 10-33　选择零件

步骤三：完成工程图的相关注释，如图 10 – 34 所示。

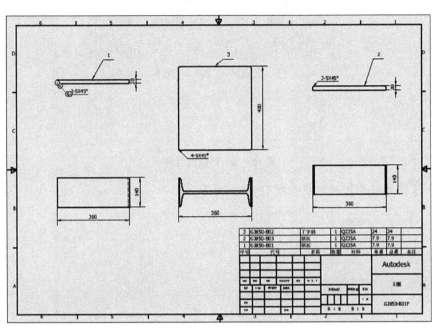

图 10 – 34 准备状态的工程图

10.3.2 焊接工程图

─────── **操作步骤** ───────

步骤一：打开 "GJ850 – B01J.dwg"。在模型浏览器中右键单击 "GJ850 – B01J.dwg"，选择【新建图纸】，如图 10 – 35 所示。

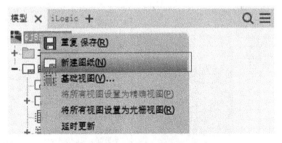

图 10 – 35 【新建图纸】命令

步骤二：在【工程视图】对话框的【模型状态】选项卡中选择【焊接】，定义视图，标注焊接符号等相关注释。在 Inventor 中与焊接标注相关的命令主要有图 10 – 36 所示的【焊接】、【焊肉】和【端部填充】命令。

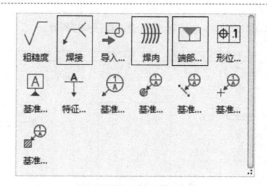

图 10 - 36　焊接相关命令

- 【焊接符号】对话框如图 10 - 37 所示。

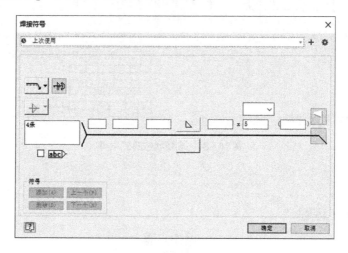

图 10 - 37　【焊接符号】对话框

- 【焊接焊道】命令用来控制焊肉的形状以及它应用于工程视图中的几何图元的方式，其相关选项如图 10 - 38 所示。

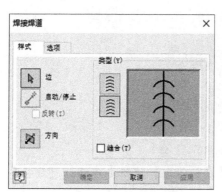
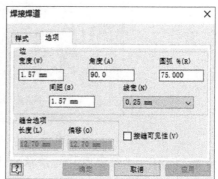

图 10 - 38　【焊接焊道】对话框

● 【端部填充】命令用来指定焊道端的符号，包含形状、颜色和填充图案，如图 10-39 所示。

图 10-39　【端部填充】对话框

完成焊接的工程图如图 10-40 所示。

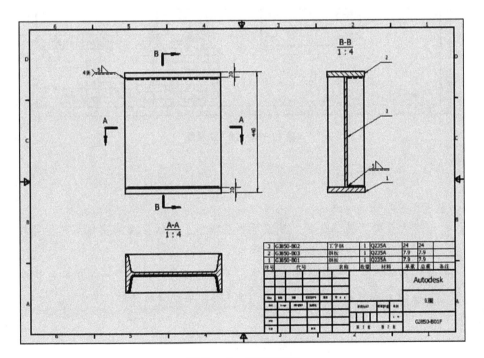

图 10-40　焊接工程图

10.3.3 焊后加工工程图

操作步骤

　　步骤一：打开"GJ850 – B01J. dwg"，在模型浏览器中右键单击"GJ850 – B01J. dwg"，选择【新建图纸】。

　　步骤二：在【工程视图】对话框的【模型状态】选项卡中选择【加工】，定义视图，标注焊接符号等相关注释，如图 10 – 41 所示。

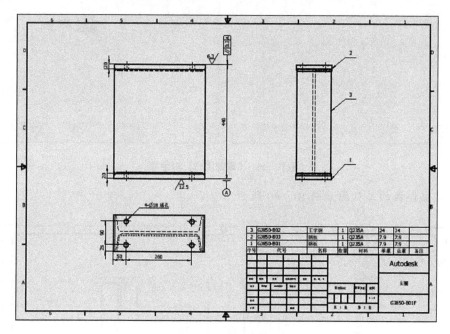

图 10 – 41 加工工程图

　　重要提醒

- 当有大量的焊接部件时，建议不要在模型上面做全部的实体焊缝，可在工程图中通过焊接符号等注释来表达。
- 进行角焊、坡口焊时不能连续单击不同的工件。选择完一个工件后切换【1】到【2】，或者单击右键，选择【继续】，再选择另外的工件。

第11章　系列化产品设计实践

Chapter Eleven

／学习目标／

1）掌握参数关联，体现设计意图。
2）掌握建立系列化和配置化设计的方法。

本章将讲解 Inventor 中用于支撑系列化和配置化设计的 iPart、iAssembly、表格驱动、iLogic 功能。希望读者通过学习刮平定厚机中刮体、机架的相关设计能熟练掌握相关的流程，为实际的系列化设计打下基础，从而更好地用于实际工作。

11.1　系列化和配置化设计基础知识

系列化通常指产品系列化，通过对同一类产品规律的分析研究，经过全面的技术比较，将产品的主要参数、形式、尺寸、基本结构等做出合理的安排与计划，以满足同类产品和配套产品之间的关系。

系列化、配置化设计早已与人们的生活息息相关，可划分为成套系列（如成套餐具，包含碗、盘、勺等产品）、组合系列（如办公家具）、家族系列（如工具剪等）和单元系列（如蒸锅等）。

系列化设计一般有：

1）组合设计。组合产品的设计很重要的一点是统一问题，如统一安装模式或包装方法等，某些部件会统一零部件的互换性，如螺栓等标准件。

2）功能设计。通过功能形成产品特征，成为一系列产品，如卷尺等。

3）色彩形态设计。通过色彩和形态形成产品特征，将同一产品的不同颜色、不同材料进行变化，形成系列，如灯具等。

4）改变形态比例的设计。以形态比例的变化形成系列，如电池。

5）改变组件种类数量的设计。以组件的种类、数量的变化形成产品系列，如汽车。

配置化设计通常包含标准化产品和自定义模块。

11.2　Inventor 中支持产品系列化和配置化设计的功能

Inventor 中提供了 iPart、iAssembly、表格驱动、iLogic 这些丰富的功能来支撑系列化和配置化设计，本章将依次进行介绍。

11.2.1　创建 iPart 零件

视频二维码

在装配环境中单击【装配】/【从资源中心装入】，进行标准件调用时，会发现是一组规格、长度不同的系列零件，这实际上就是 iPart 零件。iPart 零件是有不同变量（如尺寸、材料或特征等）的零件族。iPart 零件实际上含有两个阶段，首先是编写零件，然后是放置零件。

在编写 iPart 零件之前首先需要知道该零件将会发生什么样的变化，如 GB/T 5780—2016 螺栓，其会发生规格系列变化和长度变化。创建一个零件或打开一个现有的零件，并且该零件必须拥有完整的零件特征，即该原始零件拥有最完整的特征组合，如带有减重孔的筋板，当筋板尺寸小于一定值时该减重孔会不存在，但原始零件上必须有这个减重孔特征。

为了能够清晰表达，建议将需要驱动变化的尺寸参数更名为公司熟悉的名称。本节以刮平定厚机的刮体为例来进行相关操作。

操作步骤

步骤一：打开"GLT – A01. ipt"，单击【管理】/【fx 参数】，如图 11 – 1 所示。

图 11 – 1　【fx 参数】命令

步骤二：在【参数】对话框中添加数值，设置 GLTB 值为"850"。同时为了便于交流，添加注释"刮轮体宽"，如图 11 – 2 所示。

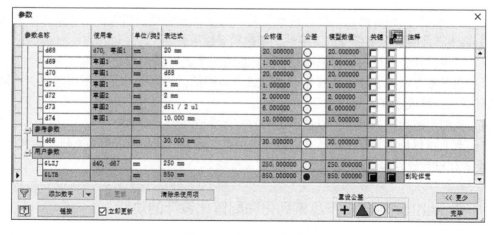

图 11 – 2　【参数】对话框

步骤三：参数赋值。

方法一：找到要定义的参数，为其赋值。例如，在"850"尺寸处单击右键，选择【列出参数】，如图 11 - 3 所示。结果如图 11 - 4 所示。

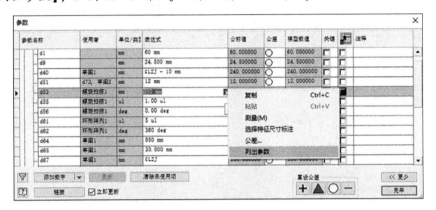

图 11 - 3 【列出参数】命令

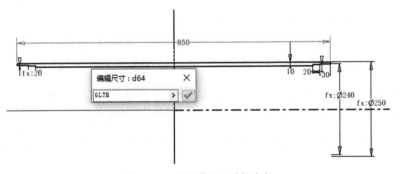

图 11 - 4 参数赋值结果

方法二：编辑草图，双击尺寸，在图 11 - 5 所示位置单击右键，选择【列出参数】，然后选择定义好的参数。

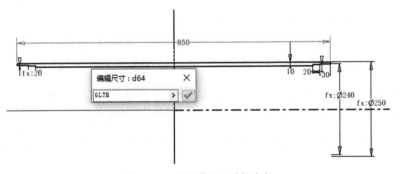

图 11 - 5 编辑草图，选择参数

步骤四：单击【管理】选项卡中【编写】面板上的【创建 iPart】，如图 11 - 6 所示，会出现【iPart 编写器】对话框，如图 11 - 7 所示。

图 11 - 6 【创建 iPart】命令

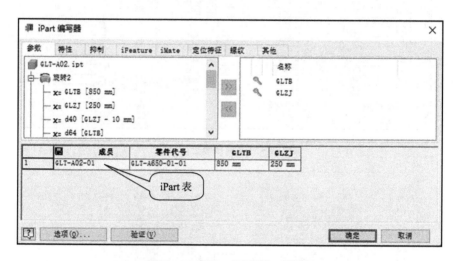

图 11 - 7 【iPart 编写器】对话框

- 参数：使用参数编辑器可重命名参数、建立参数之间的表达式以及创建用户参数。
- 特性：包含零件代号、库存编号和材料等信息，会与 BOM 表和明细栏自动保持更新。
- 抑制：通过抑制特征，可使一个文件包含单个零件的多个配置。例如，一个零件有求差拉伸配置和求并拉伸配置。
- iFeature：指定要包含在 iPart 中的 iFeature。如果 iFeature 中包含表，则可以指定 iFeature 行的值和每行的抑制状态。
- iMate：包含或抑制 iMate，也可指定偏移值、匹配名和顺序编号。
- 定位特征：包含或排除定位特征，也可设置其可见性状态。

步骤五：在 iPart 表区域选择默认的对象，单击右键，选择【插入行】，如图11 -8所示。根据实际需要进行操作，如指定关键字或自定义参数列，如图 11 -9所示。设置完成后在模型浏览器中会增加一个"表格"条目，如图 11 - 10 所示。

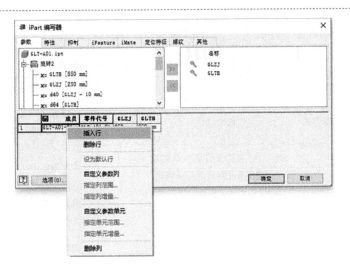

图 11 - 8　【插入行】命令

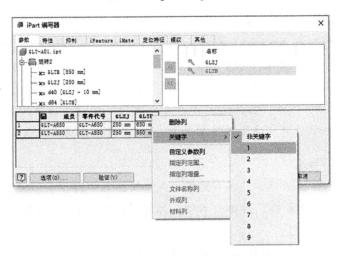

图 11 - 9　指定关键字或自定义参数列

图 11 - 10　iPart 模型浏览器的显示

可创建标准 iPart 零件和自定义 iPart 零件，二者差异见表 11 – 1。

表 11 – 1　标准 iPart 和自定义 iPart 之间的差异

iPart 行为	标准 iPart	自定义 iPart
用于创建成员的参数值	从列表中选择	指定值（对于自定义参数）或者从列表中选择（对于其他参数）
成员文件的位置	相同名称的子目录创建文件时确定，或者由代理路径确定	用户指定
成员数	有限；每行一个成员	通常无限；每行可基于不同的自定义参数值生成多个成员
成员重复使用	重复使用	始终为新建
是否进行成员编辑	否	是
是否通过 iPart 表指定成员文件名	是	否

- 标准 iPart 定义了列中的所有值，放置 iPart 后将无法编辑任何成员或值。
- 自定义 iPart 零件会包含一个标识为【自定义参数列】的列，不能直接编辑自定义 iPart 零件，但在放置 iPart 后，可以修改该成员中的自定义参数，如使用角钢零件时，选择要使用的 iPart 后，可修改某些值（例如长度、宽度或厚度）。

步骤六：编辑 iPart 零件，其右键快捷菜单如图 11 – 11 所示。

方法一：选择"表格"后单击右键，选择【编辑表】，会出现图 11 – 7 所示的【iPart 编写器】对话框。

方法二：选择"表格"后单击右键，选择【通过电子表格编辑】，出现图 11 – 12所示的提示后单击【确定】，将会打开 Excel。

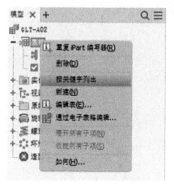

图 11 – 11　右键快捷菜单

图 11 – 12　提示

步骤七：编辑完毕后分别切换至各个 iPart 零件查看变化，Inventor 能够通过 iPart 表驱动参数改变零件的几何形状，如图 11 - 13 所示。保存为 "GLT - A03. ipt"。

图 11 - 13　刮体各个规格的效果

☀ |注意|　在编辑 iPart 零件时，建议添加零件后先进行测试，然后再进行后面的操作。

步骤八：放置 iPart 零件。新建一个组件或打开一个现有的组件，单击【装配】/【零部件】/【放置】，在对话框中选择需要的 iPart 零件，本例中选择 "GLT - A03"。在【放置标准 iPart】对话框中会显示名称和值，如果需要切换数值，可勾选【全部值】复选框，显示出该参数定义的全部数值，如图 11 - 14 所示。

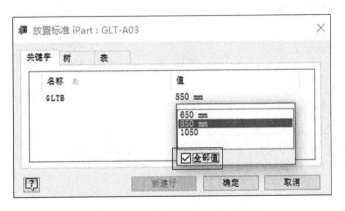

图 11 - 14　【放置标准 iPart】对话框

步骤九：编辑放置的 iPart 零件。放置好 iPart 零件后的模型浏览器如图 11 - 15a 所示。如果需要更换为 600 系列，可在模型浏览器的"表格"上单击右键，选择【更改零部件】，如图 11 - 15b 所示。此时会出现图 11 - 14 所示的界面，在【值】处选择 "650mm"，然后单击【确定】，效果如图 11 - 15c 所示。

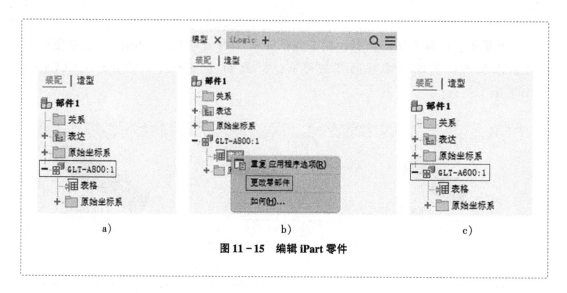

a)   b)   c)

图 11 - 15   编辑 iPart 零件

11.2.2   创建 iAssembly 部件

iAssembly 用来创建在尺寸、零部件数量或其他变量方面有所不同的部件族，具体操作与创建 iPart 零件类似。【iAssembly 编写器】如图 11 - 16 所示。

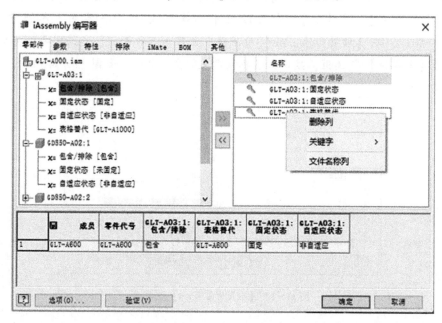

图 11 - 16   iAssembly 编写器

1．左侧窗格

左侧窗格以标准的浏览器格式按显示名称列出了零部件，每个零部件都具有嵌套节点，可以为每个成员指定节点状态。

- 包含/排除：如果排除某个零部件，则该零部件的关系也将排除。
- 固定状态。
- 自适应状态：只有一个成员可以保留给定零部件的自适应性。包含该零部件的所有其他成员会将其显示为"非自适应"。但如果适应，每个成员都可以是柔性的。
- 表格替代：只有零部件是其他 iPart 或 iAssembly 成员时才可用。编辑表格时，可以使用同一工厂中的另一个成员替换行中的成员，可使用下拉列表来选择引用的成员。

2. 右侧窗格

右侧窗格用于显示激活选项卡的选定属性，并可在 iAssembly 表中添加列。在部件浏览器和【放置 iAssembly】对话框的【关键字】选项卡中，可指定关键字以表示嵌套顺序。浏览器中仅显示指定为关键字的列。

在属性上单击鼠标右键，然后为项目选择【关键字】，如长度或直径。在 iAssembly 表中，列表头中的关键字图标标识了关键字的值。

设置关键字顺序，以在浏览器中建立嵌套顺序。

3. iAssembly 表

iAssembly 表包含了按选定顺序排列的列，列标题包含对象引用名称、索引以及正在配置的特性。添加行，以表示 iAssembly 中的各个成员。【成员】被自动创建为第一列，列中的值是默认的文件名，也可以指定自己需要的文件名。

如果在编辑表时更改成员名称，会出现"成员名已修改，这将改变该成员的文件名"的提示。

选择右键快捷菜单中的【关键字】可将列指定为主要值，并在浏览器中建立嵌套顺序。关键字符号显示在列标题中。

选择右键快捷菜单中的【文件名称列】可将列单元中的条目指定为文件名。为每个成员指定一个唯一的名称，并将其放置到部件中后，文件名会显示在浏览器中。首次创建表时，【成员】列表示文件名，但可以将其移到任何列。

下面以刮平定厚机的刮轮体为例来进行创建 iAssembly 的操作。

---- **操作步骤** ----

步骤一：打开"GLT – A00. iam"。

步骤二：单击【管理】/【编写】/【创建 iAssembly】，如图 11 – 17 所示，出现【iAssembly 编写器】对话框。对于刮平定厚机的刮轮而言，随着加工对象的变化需要改变尺寸的只有刮轮体，其余的固定圈、端盖零件是通用的，故本例只选中 iPart 零件"GLT – A03"，将其添加到右侧。

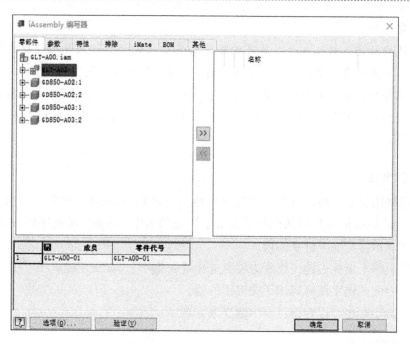

图 11 - 17　【iAssembly 编写器】对话框

步骤三：在 iAssembly 表区域添加行，更改需要的零件代号，选择合适的规格，如图 11 - 18 所示。

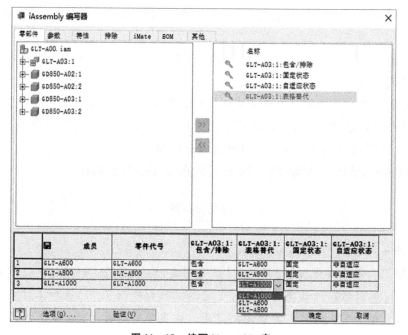

图 11 - 18　编写 iAssembly 表

步骤四：iAssembly 编写完毕后单击【确定】，然后测试刮轮规格，如图 11 – 19 所示。保存为 "GLT – A000"。

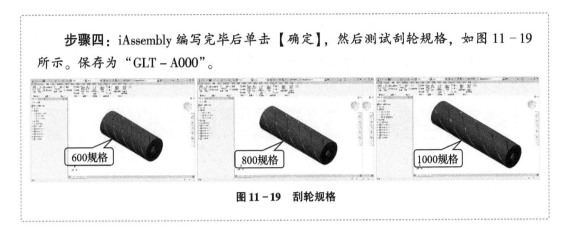

图 11 – 19　刮轮规格

11.2.3　表格驱动

参数用来定义零件的大小和形状，以及控制组件中零部件的位置关系。除了前面使用表达式和名称定义参数外，还可以通过表格链接到零件或部件来驱动表格单元中的参数。可使用【fx 参数】命令查看和编辑参数表中的参数，创建用户定义的参数和链接到包含参数值的表格。

现实中的产品设计往往是在同一相似结构的产品上进行设计修改，修改其中几个关键的尺寸参数，就可以产生新零件的设计。一般情况下，分析出来零件的关键参数后，在 fx 参数表中进行定义即可，但 fx 本身会受到一些限制，如一些参数值固定不动，不能修改，以及参数具有可修改的区间范围等。此时可以将 Excel 强大的数字处理能力与 VBA 编程结合来有效解决这些问题。

----------------- **操作步骤** -----------------

步骤一：创建参数电子表格。对零件中需要修改的关键尺寸，要分别进行自定义命名，以便后期容易区分，这也是建立模型的依据。

可从电子表格中的任意单元格开始输入数据。如果数据不是从单元格 A1 开始，当链接或嵌入 Excel 文件时，请在 Inventor 中指定数据开始的位置。如果在单元格中使用列标题名称，则不需要将该单元格指定为数据开始位置。数据必须按照正确的顺序填写，即参数名称、值或表达式、度量单位、备注。

为刮平定厚机的从动轮定义图 11 – 20 所示的参数表。

图 11 – 20　从动轮参数表

如有需要可对电子表格进行 VBA 编程，使之具有用户希望的数字处理功能，例如自动计算、锁定数值、非法输入警告等。如果从动轮的直径是不能修改的，定义好数值锁定后，会出现图 11 - 21 所示的提示。

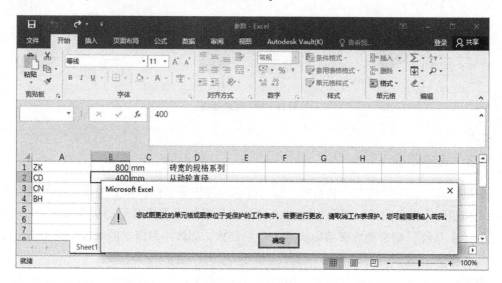

图 11 - 21 锁定参数

> ☀ /注意/
> ● 参数名称和值是必须填写的，其他选项是可选的。
> ● 与参数名称和值关联的单元格不能为空。

步骤二：建立模型或者打开需要与 Excel 关联的模型。本例中打开 "CDL850 - 004B0.ipt"。

步骤三：单击【管理】/【fx 参数】，如图 11 - 22 所示。

图 11 - 22 【fx 参数】命令

步骤四：在【参数】对话框中单击【链接】，如图 11 - 23 所示，找到需链接的电子表格。

步骤五：在【打开】对话框中，指定电子表格中参数数据的开始单元，如图 11 - 24 所示。

步骤六：在参数表中可发现链接进来的参数是灰色的，不能修改，如图 11 - 25 所示。

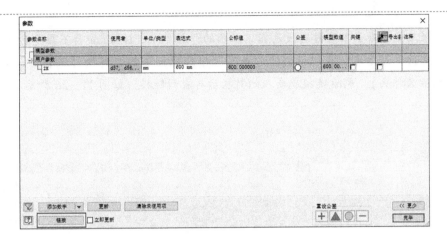

图 11-23　【参数】对话框

图 11-24　【打开】对话框

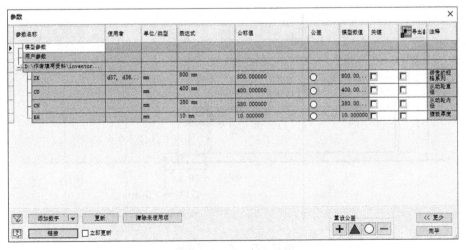

图 11-25　查看链接参数

如果在链接或嵌入文件时没有指定正确的开始单元，Inventor 将不显示行值，此时需要更改开始单元。在对话框中的条目上单击鼠标右键，选择【编辑开始单元】或【删除文件夹】，删除链接或嵌入的数据后再重新链接，如图 11-26 所示。

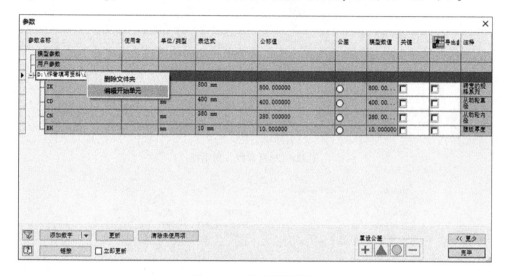

图 11-26　修改开始单元

> /注意/
> - 开始单元不能是列标题名称。
> - 【链接】是在多个文件中共享相同的电子表格参数。
> - 选择【嵌入】是使用和编辑激活模型的电子表格参数，不会影响其他文件。

步骤七：编辑 fx 参数或者编辑草图，定义参数关联，如图 11-27 所示。

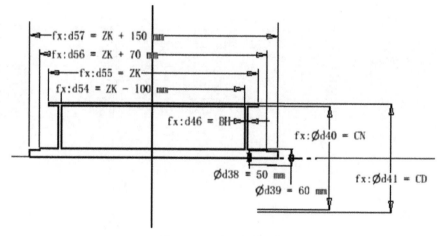

图 11-27　定义参数关联

　　步骤八：链接参数表格后，可根据实际需要进行编辑或者更改位置，如图 11 - 28 所示。

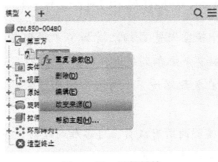

图 11 - 28　编辑链接

11.2.4　创建 iLogic 零部件

视频二维码

　　iLogic 可以以一种简单的方式捕获和重复使用自己的产品，提供基于关联规则的设计和自动化技术。用户可以通过分析提取公司的产品，使用 iLogic 来让设计成为标准化的、自动执行的过程。基于规则的设计是通过获取工程师的专业知识来将逻辑规则固化到产品中。通过基于规则的设计，可以消除重复工作，大幅提升效率，同时可以尽可能地减少人为错误，并遵循企业级的最佳实践方法和标准。

1. 规则编辑器的界面

　　规则编辑器的界面如图 11 - 29 所示。

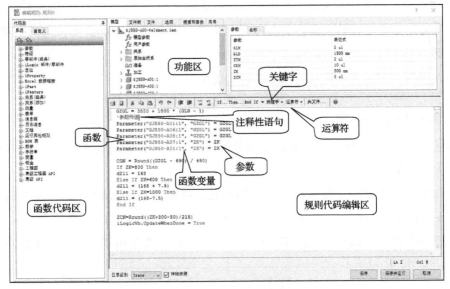

图 11 - 29　规则编辑器界面

(1) 函数代码区　分为系统代码和自定义代码区域。系统区域是目前 Inventor 提供的函数的汇总，并按功能进行了分类。自定义区域保存了自定义代码段。

(2) 功能区　因环境不同，功能区显示的内容会不一样。

- 【模型】：与 Inventor 模型浏览器相比增加了"模型参数"和"用户参数"节点，通过右键操作可直接将其添加到规则代码编辑区。
- 【文件树】：只出现在装配环境下，与模型浏览器不完全一样，同样的零部件只出现一次。
- 【文件】：显示当前模型的所有成员，可添加到规则代码编辑区。
- 【选项】：控制 iLogic 的运行方式。
- 【搜索和替换】：用来查找替换规则代码编辑区的内容。
- 【向导】：目前只提供了四个方面的向导。

(3) 规则代码编辑区　用于编写代码。通过函数代码区的类别和函数名称找到需要的函数，双击函数名称，在规则代码编辑区会自动出现函数表达式。用光标选中函数表达式中的参数名称，在功能区的相应参数表内找到需要的参数，双击参数名，规则代码编辑区则自动替换函数表达式内选中的参数名。

- 注释性语句：用于说明规则和语句目的的语句，在语句前需加单引号。
- 关键字：包含 If、Then、End If 等，可直接输入，也可在【关键字】中选择。
- 函数：在函数代码区找到需要的函数，双击函数名称，在规则代码编辑区会自动出现函数表达式。
- 函数变量：可以直接输入，也可以双击输入。
- 参数：在功能区的相应参数表内找到需要的参数，双击参数名，规则代码编辑区则自动替换函数表达式内选中的参数名。
- 运算符：可以直接输入，也可以双击输入。

2. 创建 iLogic 的流程

创建 iLogic 的一般操作流程包含创建分析模型、定义参数、定义规则、定义表单、验证设计几个阶段。

(1) 创建分析模型　预估可能发生的变化，找到模型的关键参数。如图 11 - 30 所示的刮平定厚机前防水板，其中间的筋板数量会根据前防水板的长度变化而发生变化。前防水板的内部会有两个或三个筋板，根据客户的要求会用到 1.5mm 和 2mm 之类的板厚。

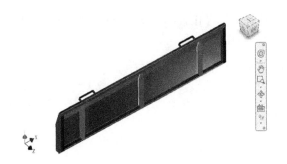

图 11-30　前防水板

（2）定义参数　打开"前防水板 00. iam"模型，定义 fx 参数。单击【管理】/【fx 参数】，在 BH 参数处单击右键，选择【生成多值】，如图 11-31 所示。

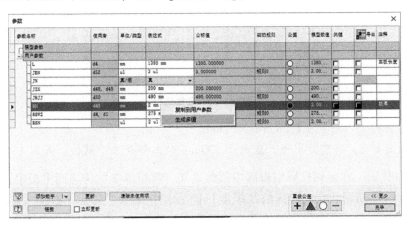

图 11-31　定义 fx 参数

将 BH 设为"1.5"和"2"的多值参数。输入需要的参数后单击【添加】，然后单击【确定】，如图 11-32 所示。

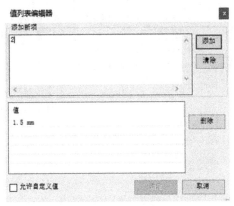

图 11-32　添加多值参数

（3）在 iLogic 编辑器中定义规则

1）调用 iLogic 浏览器。有两种方法可以调用 iLogic 浏览器，一种是在浏览器中单击

"模型"旁边的"+",然后选择【iLogic】,如图 11 -33a 所示;另一种是单击【管理】/【iLogic 浏览器】,如图 11 -33b 所示。

a)   b)

图 11 -33   调用 iLogic 浏览器

2)添加规则。可采用图 11 -34 所示的两种方法添加规则。

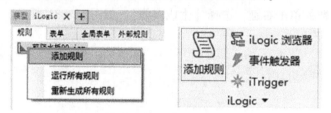

图 11 -34   添加规则

- 规则目的 1:板厚为 1.5mm 或者 2mm。
- 规则目的 2:当前防水板长度大于 600mm 时内部是三个筋板,否则是两个筋板。

3)编写代码。在规则代码编辑区中添加语句,将板厚参数传递到主板中。

如图 11 -35 所示,在功能区的【模型】选项卡中找到"主板"零件,选择"钣金参

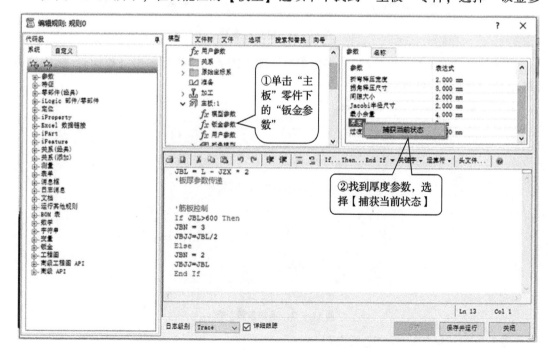

图 11 -35   参数传递

数"，右侧会显示钣金的所有参数，在"厚度"参数上单击右键，选择【捕获当前状态】，规则代码编辑区会显示"Parameter（"主板：1"，"厚度"）= 2 mm"，删除数字"2"，输入"B"后系统会将以 B 开头的参数显示出来，选择需要的参数即可。

定义完成的规则如图 11 - 36 所示。

```
'参数传递
Parameter("主板:1", "厚度") = BH
Parameter("主板:1", "L") = L
Parameter("右筋板:1", "厚度") = BH
Parameter("右筋板:1", "厚度") = BH
Parameter("筋板:1", "厚度") =BH

'筋板控制
JBL = L - JZX * 2
If JBL>400 Then
JBN = 3
JBJJ=L/4
Else
JBN = 1
JBJJ=L/2
End If

'把手控制
If L>600 And L<1000 Then
BSN = 2
BSJJ = 400
BSWZ=(L-BSJJ)/2
Else If L >= 1000 Then
BSN = 2
BSJJ = 600
BSWZ = (L-BSJJ)/2
Else
BSN = 1
BSWZ=L/2
End If

iLogicVb.UpdateWhenDone = True
```

图 11 - 36　定义规则

（4）在 iLogic 编辑器中定义表单

1）添加表单，方法如图 11 - 37 所示。【表单编辑器】对话框如图 11 - 38 所示。

图 11 - 37　添加表单

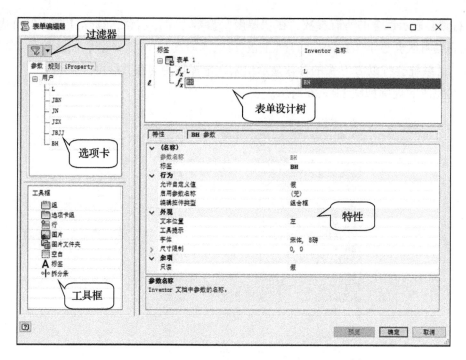

图 11 - 38 【表单编辑器】对话框

- 过滤器：按"全部""关键""重命名"来过滤【参数】的划分，以更方便地选择选项卡区域的参数。
- 选项卡：将选项卡中的项目拖放到表单设计树中，可在用户设计界面上添加控件。选项卡中仅显示现有的参数和规则。
- 表单设计树：表单设计树用于设计用户界面。将参数、规则、iProperty 和工具框项目拖放到表单设计树中，可设计和组织用户界面，单击可编辑文本。
- 工具框：工具框中的项目可拖放到表单设计树中。
- 特性：为表单设计树中高亮显示的项目定义特性。特性会因选定的项目有所不同。

2）完成表单，如图 11 - 39 所示。

图 11 - 39 完成的表单

（5）验证设计　在表单中输入数值，防水板长为 600mm 的结果如图 11 - 40 所示，防水板长为 1200mm 的结果如图 11 - 41 所示。可参考"前防水板 0F. iam"。

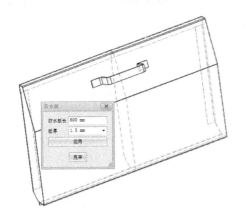

图 11 - 40　600mm 板长

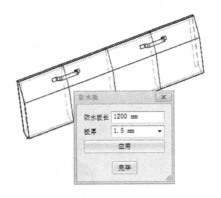

图 11 - 41　1200mm 板长

11.3　产品系列化和配置化设计实践

视频二维码

　　刮平定厚机在加工不同尺寸大小的瓷砖时（如最大加工尺寸为 600mm×600mm 的瓷砖和最大加工尺寸为 1000mm×1000mm 的瓷砖），其机架、刮轮部件、刮轮座、对中装置等与宽度相关的零部件会随着加工对象宽度的变化而变化。刮平定厚机还会根据布局区分左进砖还是右进砖，从而使机架、主/从动轮的位置发生变化。根据工艺的要求会有二头、三头、四头的刮平定厚机，进而其机架、刮轮座要随之改变。为了便于安排生产，可进一步区分标准机或者定制机等。

　　打开随书配套文件"产品系列化和配置化设计"中的"G850 - 000 - Final"，本节将以瓷砖宽度的变化为例来讲解产品的系列化设计。600 规格的模型如图 11 - 42 所示，1000 规格的模型如图 11 - 43 所示。

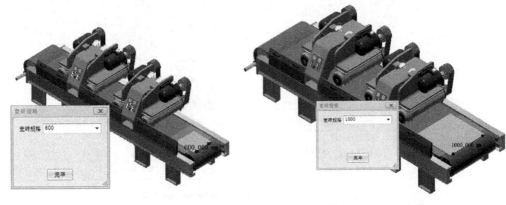

图 11 - 42　600 规格　　　　　　　　　　图 11 - 43　1000 规格

操作步骤

步骤一： 打开“GJ850－000－Final. iam”文件，分析与机架部件的宽度相关的零部件。机架部件主要分为机腿、机架组焊件、主动滚筒、从动滚筒、工作面板部分，如图 11－44 所示。

- 机腿、垫板、工字钢零件本身与宽度没有关系，但固定位置与宽度关联。
- 横梁、主动滚筒、从动滚筒、工作面板零件与宽度有直接关系。
- 纵梁零件本身与宽度无关，但其数量与宽度有关。

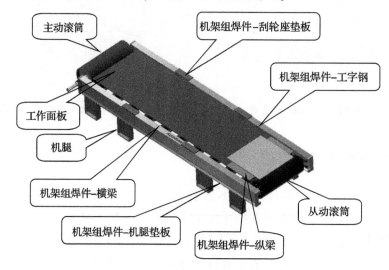

图 11－44　机架部件

步骤二： 打开横梁、主动滚筒、从动滚筒和工作面板零件定义砖宽的参数，并将参数关联。各零部件参数定义如图 11－45～图 11－49 所示。

参数

参数名称	使用者	单位/类	表达式	公称值	公差	模型数值	关键		注释
模型参数									
d110	配合:14	mm	ZK + 536 mm	1536.00...	○	1536.00...	☐	☐	
d161	零部件阵列 4	mm	ZK + 550 mm	1550.00...	○	1550.00...	☐	☐	
d171	刮轮座	mm	ZK + 550 mm	1550.00...	○	1550.00...	☐	☐	
d172	刮轮座	mm	GLD	1800.00...	○	1800.00...	☐	☐	
d175	刮轮座	ul	GLN	2.000000	○	2.000000	☐	☐	
d186	零部件阵列 6	mm	ZK + 550 mm	1550.00...	○	1550.00...	☐	☐	
d198	表面齐平:34	mm	55 mm - 5.2 mm	49.800000	○	49.800000	☐	☐	
d203	零部件阵列 7	ul	CGN	10.000000	○	10.000000	☐	☐	
d224	零部件阵列 8	ul	ZCN	6.000000	○	6.000000	☐	☐	
用户参数									
GLN	d175	ul	2 ul	2.000000	○	2.000000	☐	☐	
GLD	d172	mm	1800 mm	1800.00...	○	1800.00...	☐	☐	
CGN	d203	ul	10 ul	10.000000	○	10.000000	☐	☐	
ZK	d171, d186, d1...	mm	1000 mm	1000.00...	○	1000.00...	☐	☐	砖宽
ZCN	d224	ul	6 ul	6.000000	○	6.000000	☐	☐	

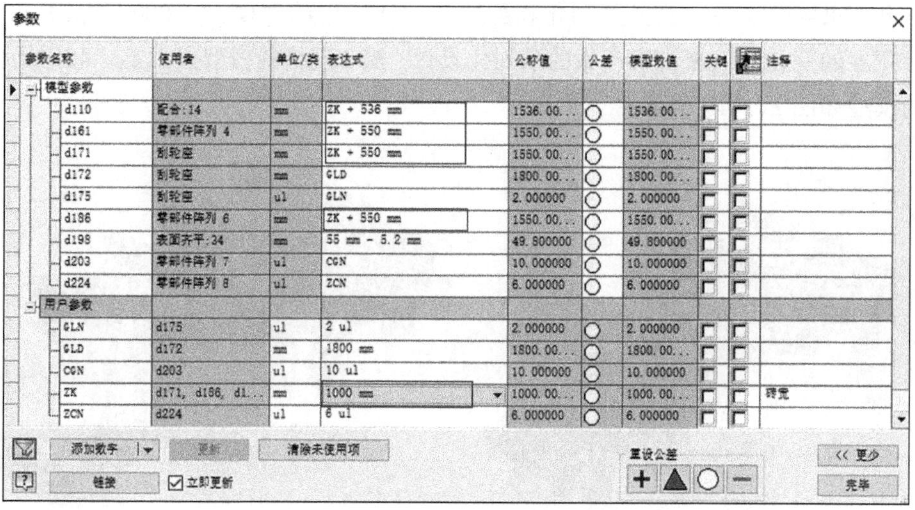

图 11－45　“GJ850－A00－Weldment. iam”参数

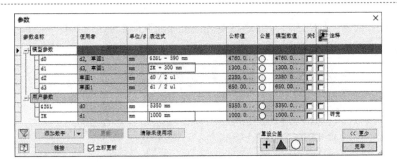

图 11 - 46　"GJ850 - A01. ipt"参数

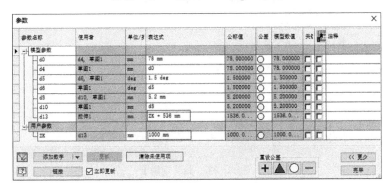

图 11 - 47　"GJ850 - A07. ipt"参数

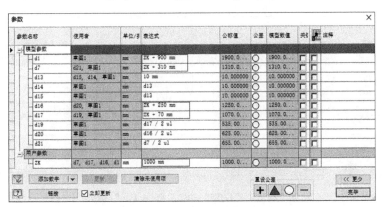

图 11 - 48　"GJ850 - 007. ipt"参数

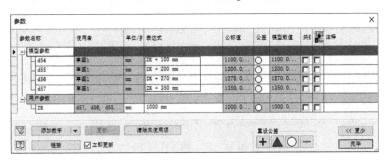

图 11 - 49　"GJ850 - 004. ipt"参数

步骤三：打开 "GJ850 – A00 – Weldment. iam"，在机架组焊件中编写规则，如图 11 – 50 所示。

```
GZGL = 3550 + 1800 * (GLN-1)
Parameter("GJ850-A01:1", "GZGL") = GZGL
Parameter("GJ850-A06:1", "GZGL") = GZGL
Parameter("GJ850-A08:1", "GZGL") = GZGL
Parameter("GJ850-A07:1", "ZK") = ZK
Parameter("GJ850-A01:1", "ZK") = ZK

CGN = Round((GZGL - 690) / 490)
If ZK=800 Then
d211 = 168
Else If ZK=600 Then
d211 = (168 + 7.5)
Else If ZK=1000 Then
d211 = (168-7.5)
End If

ZCN=Round((ZK+300-50)/215)
iLogicVb.UpdateWhenDone = True
```

图 11 – 50　编写规则 1

步骤四：打开 "GJ850 – 000 – Final. iam"，定义参数，如图 11 – 51 所示。

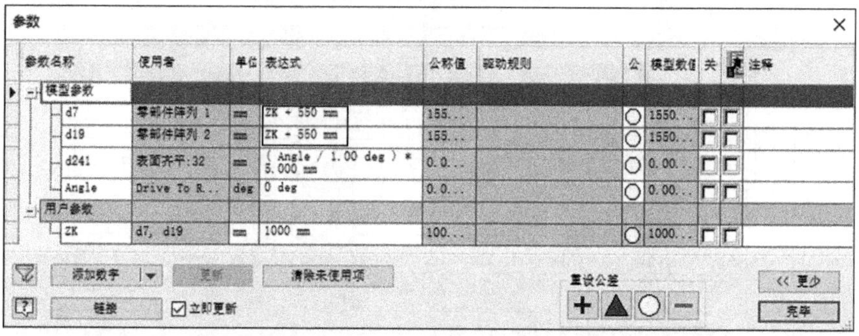

图 11 – 51　"GJ850 – 000 – Final. iam" 参数

步骤五：打开 "GJ850 – 000 – Final. iam"，编写规则，如图 11 – 52 所示。

```
Parameter("GJ850-010:1", "ZK") = ZK
Parameter("GJ850-A00-Weldment:1", "ZK") = ZK
Parameter("GJ850-001:1", "ZK") = ZK
Parameter("GJ850-007:Drive To Rotate", "ZK") = ZK
Parameter("GJ850-004:1", "ZK") =ZK
Parameter("WorkPiece:1", "ZK") = ZK
iLogicVb.UpdateWhenDone = True
```

图 11 – 52　编写规则 2

步骤六：打开"GZ850 - 001. ipt"，定义参数，如图 11 - 53 所示。

图 11 - 53　"GZ850 - 001. ipt"参数

步骤七：打开"G850 - 000. iam"，定义参数，如图 11 - 54 所示。编写图 11 - 55 所示规则。

图 11 - 54　"G850 - 000. iam"参数

```
Parameter("GJ850-000-Final:1", "ZK") = ZK
Parameter("GZ850-001:Drive Here", "ZK") = ZK
Parameter("GZ850-005:1", "ZK") = ZK
iLogicVb.UpdateWhenDone = True
```

图 11 - 55　编写规则 3

步骤八：在"G850 - 000. iam"中定义表单，如图 11 - 56 所示。

图 11 - 56　瓷砖规格表单

在进行系列化产品设计时，要根据实际需要选择不同的实现方式。

- 要提前总结归纳产品可能发生的变化。
- 为了便于修改和交流，建议将参数名更改为有意义的名称。
- 注意参数的分类，如哪些是主参数、哪些是计算参数，还要注意参数变化会导致什么变化。
- 在产品复杂的情况下可从零件或子部件开始抽取共性。